マスター、お酒の飲み方
教えてください

bar bossa
林 伸次

産業編集センター

目次

マスター、
お酒の飲み方
教えてください

第5章 ウイスキー・スピリッツ・リキュール

登場人物紹介

小林伸次郎

徳島県出身。54才。渋谷で26年バーを経営。杉並区で妻と娘と3人暮らし。趣味はレコードを集めること。先日、愛犬が亡くなり、また飼おうかどうか悩み中。

渡辺絵里子

東京都出身。27才。PR会社勤務。世田谷区で両親と3人暮らし。趣味は海外旅行。母の弟が渋谷でバーを経営していて、幼い頃から仲が良い。

中島高志

福岡県出身。28才。不動産会社勤務。江戸川区でひとり暮らし。趣味は歴史。最近マッチングアプリで出会った渡辺絵里子と交際を始めたばかり。

序章

お酒の基本

お酒って何？

渋谷センター街の喧噪を抜けて、暗くて細い道をしばらく歩いた先に私のバーがある。探偵事務所や葉巻の輸入代理店や靴の修理工房が入った怪しい雑居ビルの4階で、看板も出していないからふらっと入ってくる客はいない。

夜の7時。入り口の灯りをつけて今夜の1枚目のレコードを何にしようか悩んでいると、扉が開き、若い男性が入ってきた。髪の毛は短く、白いTシャツに紺のジャケット、ブルージーンズだ。

私が「おひとりですか。どうぞ」とカウンターの真ん中の席を勧めると、若者は落ち着かなそうに座りこう話した。

「マスター、突然ですみません、お酒って何か教えていただけますか」

「お酒って何か、ですか。うーん、いったいどうされましたか？」

「聞いていただけますか。先日、彼女とフレンチレストランに行ったんですね。そこでワインをボトルで注文したら、ソムリエさんが僕のグラスにワインを注いで、『いかがですか？』って聞いてきたんです」

「テイスティングですね」

「はい。僕、テイスティングって初めてだったので、『このワインを僕が美味しくないって言ったら替えてくれるんですか？』ってソムリエさんに質問してみたんです」

「おっと、そうですか」

「そしたら彼女が、ソムリエさんに『すいません！』って謝って、僕のグラスを奪い取って、少しだけ飲んで、『大丈夫です。注いでください』ってソムリエさんに伝えたんです。ソムリエさんは、『かしこまりました』って答えて、グラスにワインを注ぎ、僕らのテーブルから離れました。僕が彼女に『どういうこと？』って聞くと、『あのね。今度、私の叔父さんがやっているバーがあるから、そこに行って「お酒って何か教えてください」って質問してみて』ってそれだけ言うと、彼女は『このワイン、美味しいね。さ、飲もう』と笑顔を見せました。マスター、僕、たぶん何かやらかしたんですよね。

何がいけなかったんでしょう」

「なるほど。そういうことでしたか。あなたの彼女というのは絵里子さんのことですね」

「そうです。絵里子、とにかくお酒に詳しくて。『お酒の知識やマナーを知っていると、世界が広がる。お酒は文化や歴史と結びついていて、それを知っていると世界中の人たちと美味しいお酒を酌み交わすことができる』っていうのが口癖なんです」

「絵里子さん、そうですか。立派に成長しましたね」

「それでマスター、僕にお酒って何なのかを教えて欲しいんです」

「わかりました。ここはバーですので、何か注文していただきたいのですが、何を飲まれますか？」

「その今日の1杯目をどうするかっていうのも、ここに来る前からずっと悩んでいて。とりあえずビールがいいのか、それともマティーニみたいなカクテルがいいのか、お寿司屋で最初はコハダを頼むのがいいのかみたいな、そういう決まりのようなものってあるのでしょうか」

「バーで何を注文すべきか、ですね。好きなものを頼めばいいと思いますよ」

「それ。その言葉ですよ。僕らの世代、今の時代は、選択肢が多すぎるんです。スポティファイを開けばどんな音楽もあるし、サブスクで映画も観られるし動画も見放題です。自分が好きなのを選べばいいって言われるけど、そんなの無理です。お酒も、いろんな種類があるじゃないですか。何をどうやって選べばいいのかわからないんです」

「なるほど。昔は大学に入学したときの新歓コンパなんかで、潰れるまで飲んでしまったり、自分は意外と酒に強いんだとわかったりしましたよね。もちろん20歳になるまで酒を飲んではいけないのですが、昔はその辺りがいい加減でした。でも今は、20才以下は新歓コンパでは酒を飲まないから、そのまま飲まない人が増えたとよく聞きます。あるいは社会人になったら先輩が『飲みに行くぞ』って誘って、バーの使い方なんかを教えていたものです。そういうのもコンプライアンス的にNGになってしまったから、若い人が酒を学べる機会が減ってしまったのでしょうか。他にも、雑誌の特集で、『バーが初めての人でもわかるお洒落な注文の仕方』なんていうのがあったから、みんながそれを読んで真似をしたんです。今はインターネットで検索すればそういう記事はありますが、みんなが読む雑誌のような存在ではないですよね」

「そう。そうなんです。でも絵里子みたいなお酒に詳しい人もたくさんいるんです。海外に住んでいたとか、親が金持ちでお洒落で若い頃からレストランやバーに行き慣れているとか、そういう奴らは自然と身についているんです。僕は田舎者だし、親が裕福でもお洒落でもないから、バーの使い方なんてわからないまま大人になってしまったんです」

「そういう教養として飲食店の使い方や酒の飲み方なんかを若い頃から身につけている層もいるということですね。わかりました。それではバーでの1杯目に悩んだときに、ちょっとしたきっかけになる話を教えます。私が若い頃にバーテンダー修行をしていたとき、いつ来店しても、毎回毎回同じものしか飲まないお客さまがいました。グラスに氷を三つ入れて、そこに『バランタイン』というウイスキーを注いで、その『バランタイン』と同じ量の水を入れて割るというものです。その方、バーが大好きなのですが、どのお店に行っても、その飲み物しか注文しないそうなんです。すごく単純な普通の飲み物なのですが、お店によって少しずつ味が違うみたいで、僕らバーテンダーの手元が少しでも狂うと、『あれ？　今日はいつもと味が違う』って気づかれるんです。何十年も同じものしか飲まない人って怖いんだなあと勉強になりました。そういう世界中どのお店に行ってもメニューにあるものを、毎回どんなバーでも注文するって面白いですよ」

「それいいですね。真似していいですか。マスター、世界中のどのバーに行っても必ず置いてある飲み物って何ですか？」

「例えば、ジントニックなんてどうでしょうか。どんなバーでも必ずあります。でもバーによって、何のジンを選ぶか、グラスはどんな形か、氷はどうなのか、ライムは入れるのか、トニックウオーターは何を使うのか、といろいろ違います。それをいろんなバーで確認するのも面白いかもしれないですね」

「じゃあ僕のバー人生は決まりました。マスター、ジントニックをお願いします」

私は、大きめのタンブラーを出し、アイスピックで整えた大きめの氷を三つ入れ、冷凍庫からキンキンに冷えた『ビーフィーター』というジンを取り出し、30ml注ぎ、シュウェップスのトニックウオーターで満たし、カットしたライムを搾り込んで、軽くステアをし、お客さまの前にそっと出した。

彼は「いただきます」とつぶやき、ひとくち飲むと、「うわあ。美味しいです。お酒って美味しいですね。マスター、お酒とは何か、教えてください」と明るく笑いながら頭を下げた。

「それでは酒はどういう風にできるのか説明します。まず糖分。糖分はご存じですか？」

「ええと、このジュースは糖分が高いとかって言うから、要するに甘い物のことですよね」

「はい。その糖分を酵母という菌が食べます。すると、その糖分が、炭酸ガスとアルコールに変わります。それが酒なんです」

「それだけなんですか」

「はい。例えばワインですが、ヨーロッパの田舎の農家で、人が足でブドウを踏んでワインを造っているのを見たことはありますか？」

「何かのドキュメンタリーで見たことあります。踏んでいる人の太もものあたりまでブドウのジュースが漬かっていてびっくりしました」

「ブドウの皮には元々野生の酵母がついているんですね。ブドウを足で踏んで潰して、ブドウのジュースと皮についた酵母を混ぜているんです。そのブドウジュースと酵母が混ざった液をしばらく放っておくと、酵母がブドウジュースの糖分を食べてアルコールと炭酸ガスになってワインになるというわけです」

「なるほど。糖分ならなんでもお酒になるんですか？」

「はい。糖分が入った液体ならなんでも大丈夫です。人類が最初に飲んだ酒は蜂蜜の酒と言われています。蜂蜜がどこか木のくぼみなんかに偶然たまって、そこに雨が降ってきて、自然と蜂蜜水になったとします。酵母は空気中に自然に存在していまして、その酵母が蜂蜜水の糖分を食べて、酒になったのを人類は偶然飲んで、いい気持ちになったのかもしれません。自分たちでも器に蜂蜜を入れて水で薄めて、そこに自然と酵母がついてそれを酒として飲んだのであろうと思われています。酒は、様々な地域で偶然発見され、世界中にはいろんな酒の文化があります。例えばモンゴルでは馬乳酒というものが発明され、飲まれています。馬乳ももちろん糖分が入った液体だからそれを酵母が食べて、アルコールと炭酸ガスになるというわけです。そのモンゴルの馬乳酒を飲んだ日本人が、帰国後似たような飲み物を造ろうとしてカルピスになったのは有名です」

「ブドウの酒に蜂蜜の酒に馬乳の酒ですか、どうして僕らの祖先の人たちはお酒なんて飲んだのでしょう」

「いい質問です。アルコールは麻酔薬の一種と考えられます。特別な化学構造ではなく、簡単に水に溶ける物質なので、脳に入りやすく麻酔薬になるのです。脳の中の大脳新皮質という人間の精神活動をつかさどる箇所は麻酔にかかりやすく、生命を保つのに必要な旧皮質の方は麻酔にかかりにくいんですね。この違いが酒に酔っ払った人間を面白くさせているんです」

「すごいことが起こりそうです。楽しみです」

「酒を飲み始めると、まず大脳新皮質の方が麻痺してしまいます。大脳新皮質は、意識や認識、思考や創造性といった人間らしい感覚をつかさどる脳の部分です。理性的になろう、ちゃんとしていようって思う箇所なんです。ここがボンヤリしてくると、代わりに本能や欲望のままに生きろとそそのかす旧皮質が表舞台に登場します。この部分は種族を保存したいという性行動をつかさどっていて、ここが前に出てくると、性的な気持ちになったり、目の前の人と仲良くなりたいという気持ちになったりするんです」

「そうなんですか。いやもちろん薄々、お酒を飲むとそういうエッチな気持ちになるとは思っていたのですが、やっぱり科学的にわかっているんですね」

「はい。実験では酒を飲むと目の前の異性をより魅力的に感じることもわかっています。性的な感覚だけではなく、私たち人間は脳が常に誰かと仲良くなりたいと考えているようでして、酒を一緒に飲むと仲間になったような感覚になります。理性的であろうという脳の箇所は麻痺していますから、明るくなったり大声になったりもします」

「なるほど。僕らはお酒を飲むと、仲良くなりたいなあって自然と思うことになっているんですね。そりゃあ、人類がお酒を発見したとき、これは便利なツールだって思いますよね。でも考えてみると不思議ですよね。僕たち人類は理性的であろうという脳の部分が発達してきたおかげで今みたいに文化的になれたのに、その部分を麻痺させる酒を発見すると、それを飲んで理性的な部分を抑え込もう、本能的になろうと考えるようになったのですから」

「確かにそうですね。人って不思議ですね」

ワインもビールも日本酒も、醸造酒

私は1枚の地図をカウンターの上に広げた。

「では次に、酒の種類を説明します。まず酒には醸造酒というものがあります。農作物や植物などの原料をアルコール発酵させたもので、代表的なものはワインです。この地図を見てください。ワインの原料であるブドウの栽培エリアを示しています。ブドウは北緯30〜50度、南緯20〜40度の範囲内で栽培されています。ヨーロッパの南の方はやっぱり入っていますね。イギリスや北欧が入っていないのがわかるでしょうか。日本、南アフリカやオーストラリア、アメリカやアルゼンチン、チリもその範囲内ですね。ブドウを収穫して、搾ってジュースにするときに、ブドウの皮についていた酵母が一緒に入ります。酵母がブドウジュースの糖分を食べて、アルコールと炭酸ガスになり、ブドウの味がする酒になります。その発酵しているときに生まれた炭酸ガスを閉じ込めたワインがスパークリングワインです」

「なるほど」

「ワインがこんな風に世界中に広がった理由は、キリスト教が儀式に採用した、これにつきます。ご存じ、イエスが最後の晩餐で、パンは私の体を表す、ワインは私の血を表すと言って、パンとワインを飲食するように命じました。つまり、自分の体をパン、血をワインとして犠牲を捧げようと考えたのでしょう。それを彼の弟子やキリスト教徒たちが、ミサでパンとワインを分け合う儀式としたんですね。世界中にキリスト教が広がるときに、ミサにワインが必要となりました。

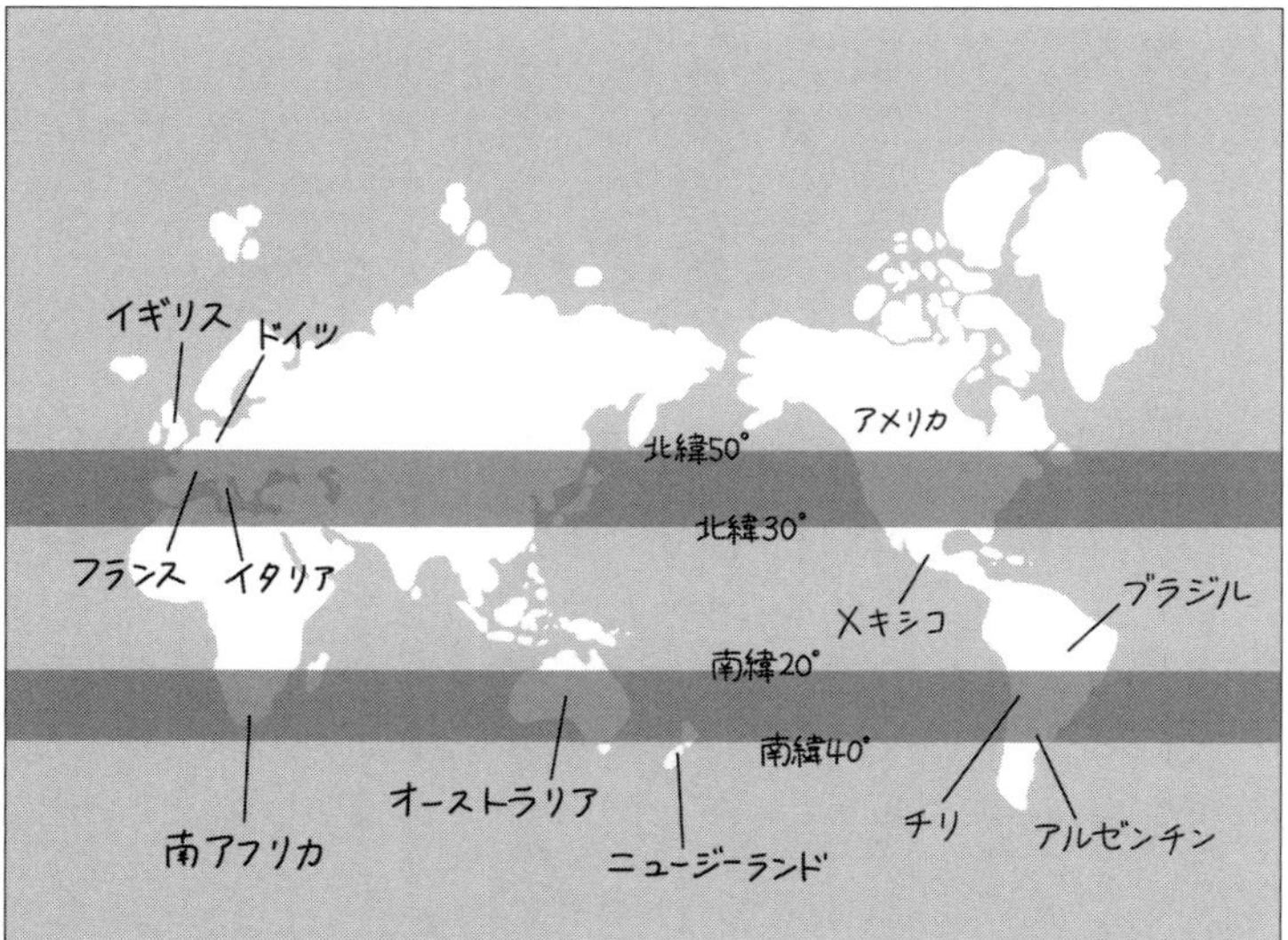

それで世界中、キリスト教が信仰されているところの多くで、ブドウが栽培され、ワインが醸造されることになったというわけです」

「キリスト教の影響でワインが世界中に広がったんですね」

「はい。そしてもうひとつ醸造酒で有名なものはビールです」

「ビールも世界中で飲まれますよね」

「はい。では、ビールの造り方を説明します。まず、ビールの原料は麦です。麦そのものには糖分はほとんどありません。酒には糖分が必要でしたよね。麦にはデンプンがあります。この麦を水に浸すと芽が出ます。その発芽した麦のことを麦芽《ばくが》と呼びます」

「麦芽って聞いたことあります。その麦芽は食べると甘いんですか？」

「いい質問です。麦芽をかじってもほんのり甘いだけですが、口の中でくちゃくちゃとずっと噛んでいるともっと甘くなってきます。これは、デンプンが糖に変わったからです」

「お米をかじってもそこまで甘くないけど、炊いたごはんを口の中でずっとくちゃくちゃ噛んでいると甘くなってくるのと同じですね」

「その通りです。麦芽も粉砕してお湯を足してお粥状態にすると、どんどん甘くなってきて糖分になります。これをろ過したものを麦汁といいます。ミロって知っていますか」

「強い子のミロ！」

「それです。ミロって麦芽飲料って書かれていますよね。ミロにはココアや砂糖なんかも足されていますが、あれと同じような麦芽の甘い汁ができたと思ってください。その麦汁にホップという苦みがある植物を入れて煮沸します。その後、酵母を入れます。すると、酵母が麦汁の糖分を食べて、アルコールと炭酸ガスが生まれて、ビールになるというわけです」

「ワインとビールが世界の代表的な醸造酒というわけですね」

「もちろんアジアにも醸造酒はありますよ。さて質問です。ヨーロッパにはブドウからできたワイン、麦からできたビールがありますが、アジアにはどんな原料の酒があるでしょうか」

「もちろんお米ですよね。日本酒はお米からできています」

「その通りです。アジアでは大昔から米が生産されていましたよね。その米をアジア人は酒にしようと思ったのでしょう。米からできる醸造酒は、日本酒と韓国のマッコリと中国の紹興酒が有名です。さて、ここで私が今回この本の話をいただいた時から一番悩んでいることがあるんです」

「マスター、突然、この本っていったい何のことですか？」

「日本酒って世界で一番複雑な造り方をする酒として知られているんですね。それを全部説明しても面白くないのでは、この本を読んでいる人は、難しすぎて読むのをやめてしまうのではっていうのがとても心配なんです。いやしかし、ありとあらゆる酒にはそういう独特な難しさがあるんですね。実はその難しさこそが、私たちの祖先が、できるだけ美味い酒にしようと努力してきた技術のことなのですが、それをどこまで説明するのがいいのかを未だに悩んでいるんです。まずこの最初の章では酒にはどんなものがあるのか、どういう風に造られているのかをざっくりとわかりやすく説明します。後の章で、もっと突っ込んでいろいろと詳しく説明します。シャンパーニュやＩＰＡ、山廃《やまはい》仕込みやシングルモルトが知りたい方はそちらをお読みください」

「マスター、さっきから何を壁に向かって話しているんですか？　早く日本酒の話をお願いします」

「申し訳ありませんでした。もう壁に向かって話さずに、お客さまに向かって話しますね。先ほどお話ししたように、麦にそのままではあまり糖分がなかったように、米もそのままだとデンプンはありますが、あまり糖分がありません。ですので、米をまず蒸して蒸し米にします。その蒸し米に麹菌を加えると、麹菌が米の中に入っていき、麹というものになります」

「麹って、聞いたことがあります」

「はい。日本では発酵食品を造るときに、大活躍するものです。味噌も醤油も酢もみりんもみんなこの麹から造られます。さて、ここから本当は複雑な工程があるのですが、ここではざっくり説明します。蒸し米がここで再登場します。その蒸し米に水を入れて、どろどろのお粥みたいなものを造ります。そのお粥に、麹と酵母を入れて、もろみというものを造ります」

「また知っているワードが出てきました。もろみ！」

「反応ありがとうございます。もろみは日本酒や味噌や醤油なんかの製造工程で、いろんな原料が混ざってどろどろになった発酵中の液体のことを呼びます。キュウリにもろみをつけて食べたりもしますよね。あれを想像してみてください」

「なるほど。キュウリのあれがもろみですね」

「日本酒を造るときも、このもろみを使います。もろみをしばらく放置しておくと、お粥が麹で甘くなり、その糖を酵母が食べて、アルコールと炭酸ガスができます」

「おおお、お酒ができましたね」

「それがどぶろくです。白く濁った状態で、下の方にはお粥みたいな米の粒が残っています。それを布の袋の中に入れて、搾ったものが濁り酒です。その布の袋の中に残っているものを酒粕と呼びます」

「また知っている言葉、酒粕が出てきました」

「はい。この酒粕は甘酒の原料になることもありますし、いろんな料理にも使われますよね。たくさん栄養があって、最近はスイーツなんかにも使われます」

「日本酒の造り方を聞いていると、知っている言葉がたくさん出てきて楽しいですね」

「はい。最後に、その濁り酒をろ過したものが日本酒というわけです」

「なるほど。マスター、マッコリは韓国のどぶろくだって聞いたことがあるのですが」

「そうですね。ほとんど同じではあるのですが、日本のどぶろくの主原料は米のみなんですね。韓国のマッコリも主な原料は米ですが、それ以外にも芋やトウモロコシを入れることがあります。それとマッコリの方は炭酸ガスが残っているので、発泡していますね」

「マスター、どぶろくや日本酒も、糖を酵母が食べて、アルコールと炭酸ガスになったはずですよね。どうして日本の方は発泡していないんですか？」

「どぶろくや日本酒は、醸造中、空気中に炭酸ガスが逃げてしまっているんです。気が抜けたビールみたいなものを想像してください。どぶろくでも日本酒でもその炭酸ガスを閉じ込めて発泡しているタイプもありますよ。ワインに発泡しているものとしていないものがあるのと同じです。さて、発泡している醸造酒といえば、リンゴが原料のシードルがあります。シードルはフランス語で、英語だとサイダーですね」

「あれ？　サイダーって、あのサイダーですか？」

「日本では、サイダーは、『三ツ矢サイダー』のような、ソーダ水のことを指しますよね。元々は、英語で、リンゴ酒のことをサイダーと呼びます。そして、ややこしくなってくるのですが、北米では、無ろ過のリンゴジュースのことをサイダーと呼んで、アルコール入りのリンゴ酒のことを、ハードサイダーと呼びます。最近は、アメリカのクラフトハードサイダー人気の影響もあり、日本ではハードサイダーと呼ぶことが増えてきました。まあでもざっくりで、リンゴ酒のことをシードル、サイダー、ハードサイダーと呼んでいると思ってください」

「はい。語源とか地域で違う呼び方とかってややこしいですよね」

「でも造り方は簡単です。リンゴを搾ってジュースにしたものに酵母を足して、アルコールと炭酸になって、シードルの出来上がりです。フランスのノルマンディー地方のシードルが世界的には有名ですが、実は生産量はイギリスが一番多いんです。最近は地球温暖化でイギリスの南の方でワイン用のブドウが育つようになりましたが、元々イギリスは寒くてブドウは育たない国でした。それでリンゴで造るサイダーがたくさん生産されているというわけです。もちろんリンゴがとれる国ならどこでも造れるので、日本にもアメリカにもニュージーランドにもスペインにもあります。どの国のシードルも個性的で美味しいですよ」

「なるほど。いつか飲み比べてみたいです」

そう言うとお客さまがジントニックをひとくち飲んだ。

「お米の醸造酒であとは紹興酒があるとさっき言っていましたが」

「はい。まず、中国では米や麦やキビやトウモロコシなどの穀物を原料とした醸造酒を黄酒（ホワンチュウ）と呼びます。色が黄色いから黄酒という名前になったようです。中国は広いですから、いろんな黄酒があります。黒ビールのように苦いものもあるようですよ。中国全土を旅して、地元の黄酒を飲んで地元の料理に合わせてみるのも面白いかもしれないですね」

「それは面白そうですね。クラフト黄酒とかこれから出てくるかもしれないです」

「その黄酒を3年以上熟成させたものを老酒（ラオチュウ）と呼びます。漢字だからわかりやすいですね。熟成した酒のことを老いた酒、老酒と呼ぶんですね。ラベルに『陳年5年』という風に表記されていれば、この老酒は5年熟成された老酒だということです。この老酒も中国にたくさんありまして、上海老酒や福建老酒なんかもありますが、その中で紹興市で造られたものを紹興酒と呼びます。正式名は紹興老酒です」

「なるほど。わかりました。日本酒のような醸造酒で黄酒というものが中国にはあって、それを熟成させたのが老酒。その中で紹興市で造られた老酒だけを紹興酒と呼ぶんですね。ロックで飲んだり、温めて飲んだりして、中華料理にはぴったりですよね。紹興酒に砂糖を入れる人もいるけど、あれはどうなんですか？」

「中国では、紹興酒に砂糖をそえて出すという習慣があるのですが、それは『うちの酒は砂糖でも入れないと飲めたものではないひどい酒です』という謙遜の意味だそうです。だから、本当に砂糖を入れてしまったり、中国料理店で砂糖を注文してしまったりするのはとても失礼にあたるようです」

「そうだったんですか。聞いておいて良かったです」

「ここまで説明してきた酒のことを醸造酒と呼びます。糖を酵母が食べて、アルコールと炭酸ガスになった酒のことです」

「醸造酒、ワインやビールや日本酒ですね」

ウイスキーもブランデーも焼酎も、蒸留酒

「他にはどんなお酒があるのでしょうか？」

「蒸留酒という酒があります。例えば、ワインを鍋に入れて、グツグツと煮込みますよね。そうするとそのワインからアルコールが蒸発します」

「ああ、そう言えば、ワインで煮込む料理を作る時ちょっとゴホゴホ咳き込むことがあります。あれはアルコールが蒸発しているのですね」

「そのアルコールを集めて、冷やして液体に戻したものが蒸留酒です。蒸留技術は、5000年前のメソポタミアにすでにありましたが、蒸留酒を造る技術を確立したのは、中世のアラビアの錬金術師と言われています」

「ああ、確かに、錬金術師が、フラスコとかビーカーとかで実験しているときに、お酒を温めて、蒸発したアルコールを集める姿が目に浮かびますね」

「例えば、ワインという醸造酒を蒸留したとします。ワインのアルコール度数は12～13％です。そのワインをぐつぐつ温めて、蒸留されたアルコールは、アルコール度数が高くなるのはわかりますか」

「ああ、そうですよね。空気中に飛んだあのゴホゴホ咳き込むようなアルコールを集めたんですよね。そりゃあ度数は高くなりますね。さすがに僕でもわかります」

「このアルコール度数が高くなった蒸留酒は、最初は病気を治す薬として飲まれます。14世紀のイタリアではペストに対する民間治療として蒸留酒造りが行われていたようです」

「薬ですかあ。最初は医薬品なんですね」

「他にも蒸留酒が広がった理由があります。アルコール度数が高くなった酒は、腐敗しにくくなるんですね。現代の私たちが飲んでいるビールやワインや日本酒は、そんなに簡単には腐らないですが、昔の醸造酒は腐りやすく、それがずっと悩みの種でした。冷蔵技術や、パスツールによる低温殺菌法の開発は、ずっとずっと後の時代ですから」

「そうかあ。昔は冷蔵庫はなかったですよね。そりゃあすぐに腐りますね」

「はい。もちろん、ワインを造った地元ですぐに飲めば問題はないのですが、酒は都市に運ばれて、消費されるものです。その運搬中にいかに腐らないようにするのかが、酒造りの大きなポイントになるのです。そんなときに、アルコール度数が高めの蒸留酒というのが発明されて、この酒は、腐りにくいのと、醸造酒よりも軽くて運ぶのにも便利だという理由で、広がっていきました。この蒸留酒を造る技術が世界に広がると、その土地にあった醸造酒が蒸留されます。ワインを蒸留した酒のことをブランデーと呼びます。『ヘネシー』や『レミーマルタン』といった銘柄なんかが有名です」

「ブランデー。あの大きいグラスで飲むやつですね。あれはワインを蒸留したお酒だったんですね」

「ブランデーには定義というのがありまして、果物の醸造酒を蒸留した酒のことをブランデーと呼ぶのです。先ほど話したシードルはリンゴの醸造酒でしたよね」

「はい」

「シードルを蒸留した酒で有名なものにカルヴァドスがありますが、カルヴァドスもブランデーです。アップルブランデーとも呼ばれます。他にもサクランボから造ったチェリーブランデーなんかもあります」

「そして蒸留酒で一番有名なのはウイスキーですね」

「やっと出てきました、ウイスキー。ハイボールでよく飲んでいますよ」

「ウイスキーは、麦芽やトウモロコシのような穀物が原料の醸造酒を、蒸留して、樽で熟成させている酒です」

「麦芽が原料の醸造酒といえばビールですよね。じゃあビールを蒸留して、樽で熟成させたらウイスキーになるんですか？」

「うーん。難しいところです。実はほとんどのビールにはホップという苦み成分が入っていまして、ウイスキーの原料の麦芽の醸造酒にはホップは入っていません。ホップなしのビールを蒸留して樽で熟成させた酒がウイスキーになるというのなら正解ですね。大丈夫ですか。わかりますか？」

「なんとなくは」

「世界5大ウイスキーというのがありまして、まずスコットランドで造られるスコッチウイスキー、その他は、アイルランドのアイリッシュウイスキー、アメリカのバーボンウイスキー、カナダのカナディアンウイスキー、日本のジャパニーズウイスキーです。でももちろん、例えばオーストラリアやインドなんかでも美味しいウイスキーは造られていますよ。逆に、5大ウイスキー以外の世界のウイスキーを集めるなんていう趣味を持っている人もいそうですね」

「それは面白そうですね」

「そして今、お客さまが飲まれているジンも蒸留酒ですね。ジンは、1660年頃、オランダで、アジアなどの植民地における熱病対策に利尿剤として開発されました。利尿効果のある薬草ジュニパー・ベリーをアルコールに浸した後、蒸留した酒です。元々は薬として生まれた酒だったんですね」

「ジンのスッキリした香りは薬っぽいですよね」

「どんどんいきましょう。ウオッカも蒸留酒です。穀物や芋を原料としていて、ロシアやポーランドで多く造られています。ロシアは寒いので、体を温めるためにアルコール度数が高いこのウオッカを飲むようですね。ロシア革命でアメリカに亡命したロシア人が、アメリカでもウオッカを造っています。アメリカのウオッカは『スミノフ』という、カクテルによく使われる銘柄が有名ですね」

「お酒って土地の気候やいろんな歴史が関係して面白いですね」

「そうなんです。そこが酒の面白さなんです。次はラムです」

「海賊が飲んでいるあれですよね」

「そのイメージが強いですね。サトウキビの搾り汁から砂糖を作るときに、糖蜜という茶褐色の液体が残るそうなんですね。その糖蜜を原料にして、発酵、蒸留したのがラムです。サトウキビがとれるところではどこでもラムは造られますが、やっぱりカリブ海のラムのイメージが強いから海賊が飲んでいる絵が思い浮かびますね。テキーラもいきましょう」

「ショットガンで飲んで大変だったことがあります。サボテンが原料なんでしたっけ」

「テキーラはサボテンの酒とよく言われますが、正確にはアガベ、竜舌蘭《りゅうぜつらん》という植物が原料のメキシコの蒸留酒です。見た目はサボテンに似ているし、メキシコ産なので、サボテンの酒ってついつい言われるのでしょうね」

「そうですかあ」

「蒸留酒のことをスピリッツといいますが、中でもジン、ウオッカ、ラム、テキーラは世界４大スピリッツと呼ばれています」

「４大スピリッツ。なんだかカッコイイですね」

「そして最後に、日本の焼酎も蒸留酒です。日本では蒸留酒は16世紀から製造されています。１５４６年に鹿児島にポルトガルのアルバレスという商人が滞在しました。そのとき彼はフランシスコ・ザビエルに、日本に関する報告書を書いていて、その中に、『米から造る蒸留酒がある』と伝えているんです」

「あれ？　米焼酎なんですか？　鹿児島といえば芋焼酎ですよね」

「今だとそうですが、その当時はまだ日本にサツマイモが入ってきていなかったんです。蒸留技術は入ってきていて、きっと目の前にある米からできた日本酒を蒸留して、米の焼酎にしていたのでしょうね。焼酎の原料は、米に芋、麦やソバや黒糖もあります。沖縄の焼酎である泡盛は実はタイ米が原料です」

「なるほど。焼酎も奥が深そうですね」

お客さまはそう言うと残りのジントニックを一気に飲み干した。

「さて、ここまで大体わかっていただけましたか？」

「ビールやワインや日本酒みたいな醸造酒と、ウイスキーやジンみたいな蒸留酒があるんですよね」

「はい。基本的には酒は醸造酒と蒸留酒の二つです。この二つに人間がいろいろと手を加えて、今、お客さまが飲まれているようなジントニックもできます。でも基本、酒は醸造酒と蒸留酒です」

「お酒って何なのか、わかってきました。あれ？　マスター、どうして僕が絵里子にワインのテイスティングを叱られたのか、まだわかっていないのですが」

「それはまた別の章で説明いたします」

「マスター、その章っていったいなんですか？」

第1章

ビール

美味しいは自由

「マスター、ジントニックが空になったので、次に何か飲もうと思うんですけど」

「ありがとうございます。突然ですがここで質問です。世界で一番飲まれている飲み物は水です。そりゃそうですよね。一部の地域を除きだいたいどこでも簡単に入手できるし、どんな食事にも合いますから。では、世界で2番目に飲まれている飲み物は何でしょうか？」

「うーん、コーラみたいな炭酸飲料じゃないですよね。世界にはいろんな国がありますから。あ、お茶ですか？　中国人もインド人もアラブ人もイギリス人もお茶を飲みますよね。これはお茶が世界で2番目じゃないでしょうか」

「正解です。素晴らしいです。それでは世界で3番目に飲まれている飲み物は何でしょうか？」

「じゃあこれはコーヒーですね。世界中にあるマクドナルドではコーヒーを出しているし、スターバックスのようなカフェの影響も大きいですよね」

「残念でした。実は世界で3番目に飲まれているのはビールなんです」

「ええ！　そうなんですか。ビールってコーヒーやコーラよりも飲まれているんですね。意外でした。さっきマスターが、世界中どこまで行ってもどんなバーにも置いてある飲み物を注文すると、そのバーの特徴がわかるって言っていましたよね。じゃあ僕の2杯目は何か美味しいビールをいただけますでしょうか」

「さて、美味しいビールについて話したいと思います。実は、私のバーには美味しいビールしか置いていないつもりなんですね。私はこの店のどのビールもすべて、美味しいと思っています。しかしお客さまによっては、ビールの苦みが苦手な方もいらっしゃいます。初めてビールを飲んだときは、こんな苦い物がどうして美味しいんだろうって感じますよね。でも何度か経験しているうちにそのビールの苦さが美味しいってわかってきて、暑い日にビールでキューーッといきたいと思うようになります。まず『経験値』で美味しいって感覚は変わってしまうんです。だからお客さまによっては、『このビールはちょっと苦手』という場合もあるし、同じビールを違うお客さまに出して『こんな美味しいビールがあったんですね』と絶賛してもらえる場合もあります。実は『何か美味しい酒をください』っていう注文は、私たちバーテンダーにとってすごく難しい注文なんです」

「ああ、すいません。確かに人によって美味しいって違いますよね。だったら僕はどういう風に注文すればいいのでしょうか」

「できれば好みを言葉にしていただけると助かります。『何かスッキリして飲みやすいビールを』や『苦みやコクがしっかりしたビールを』といった具合です」

「なるほど」

「今、少し、このマスターが言うことって面倒くさいなあと感じませんでしたか。でもこの、自分の好みをきちんと把握して、それを言葉にして誰かに伝えるってすごく大切なことなんです。絵里子さんがお客さまにこのバーに行くべきと言ったのは、そのあたりのことを知って欲しいと思っているはずです」

「そうかあ、絵里子がですね。わかりました」

「それではついでですから、美味しい酒とは何かということについても語っていいでしょうか。人がその酒を美味しいと感じるとき、『本来のその酒そのものの美味しさ』は、美味しいを構成する要素のうちの3割だそうです。そして、この酒はこういう土地でこういう人たちが造っていて、原料は厳選していて、というような物語を聞いて美味しいと感じるのが、美味しいのうちの3割だそうです。わかりますでしょうか」

「わかります。本当の味から感じる美味しさは3割で、あとの3割はブランドイメージみたいなものっていうことですよね」

「はい。プロのソムリエでも、目を閉じてテイスティングして、それが赤ワインか白ワインかも外してしまうことがあるそうです。私たちは意外とその酒のラベルや値段や物語を聞いて、美味しいと感じてしまうようなんです。さて、美味しいの3割が本来の味わい、あとの3割の美味しいがその酒のブランドイメージ、残りの美味しいの4割は何だと思いますか？」

「美味しいの残りの4割ですか。うーん、ちょっとわからないです」

「残りの4割は雰囲気なのだそうです。例えば全く同じビールでも、家でひとりで寂しくテレビを見ながら飲むのと、仲間たちと一緒に大きな仕事が終わった後に乾杯して飲むのとでは美味しさが違います。あるいは高級レストランで恋人と飲むのと、大嫌いな上司に叱られながら飲むのも違います。『喧嘩しながら飲むと酒が不味くなる』なんて言葉を聞きますが、あれは本当に美味しくないように感じるんです」

「そう言われてみればそうなのかもしれないですね」

「そしてまた別の角度から美味しい酒について考えてみますと、美味しい酒には流行もあるんです」

「え？　流行ですか？　あのー、流行って例えばミニスカートが流行るとか、こんな言葉が流行っているとかそういう流行がお酒の美味しさにもあるんですか？」

「はい。例えば、かつて人類は簡単に甘い飲み物を入手することができなかったので、昔は酒は甘い方が人気がありました。しかし、砂糖の大量生産が始まり、甘い物があふれて、多くの人がダイエットを意識するようになると、甘い酒より、ドライな方が好まれるようになりました」

「辛口、ドライブームですね」

「はい。ビールだけでなく、日本酒もシャンパーニュも以前はもっと甘いものが好まれたのですが、今はドライな方が好まれます。あるいは、以前は人工着色料がたっぷり入ったリキュールが好まれて、華やかな原色のカクテルが流行ったのですが、最近は健康意識の高まりから人工的なものは好まれなくなってきました。例えばカクテルはミントやライムを使ったモヒートや、本物の果物を使ったものが好まれるようになりました、ワインは酸化防止剤なんかを使っていないナチュラルなものが美味しいと感じられて、好まれ始めています。要するにこれは流行なんです。以前までは美味しいと思われていた酒が、時代が変わると美味しいと思われなくなるんです」

「なるほどなあ。そういえばナチュラルワインは流行っていますよね。美味しいって流行でもあるんですね」

「あと、味に関することについてひとつお願いしたいことがあります」

「なんでしょうか？」

「不味いという言葉を使うのはやめていただきたいんです」

「うーん、でもこれはちょっとなあってときありますよね。そういうときはどう言えばいいんですか？」

「不味いとは言わずに、『このビールは僕にはちょっと苦すぎた』とか『このワインは自分には酸っぱすぎた』というように表現してもらえると、酒を提供している側としては助かります。酒はすべて農産物を原料にしています。世界のどこかで育てられた作物が加工され、それが瓶詰めされて、船や車で運ばれてこのような店に届きます。私はその味をチェックし、これは美味しいと思ってお客さまにお出ししています。それを例えばインターネットなんかで『不味い』とひとこと書かれてしまうと、その酒に関わった人たち全員に失礼だと思います。不味いではなく、自分にはこう感じられたということを言葉で表現してもらえると嬉しいです。そうすれば、私のようなバーの人間も、『そうか。ではこのお客さまには次回はもっと苦みの少ない酒をお出ししよう』と判断する材料になりますし、『この酒は苦すぎと感じてしまう人もいるんだ』という発見にもなります。全ての酒は、どこかにそれを美味しいと感じる人もいますしね」

「そうですね。わかりました。不味いではなく、自分にはどう感じたかを言葉で表現すべきということですね。そりゃあ造った人に対して、不味いは失礼ですよね。それを美味しいと感じる人もいるわけですから」

「わかっていただけると嬉しいです。そしてこれが最後になりますが、『美味しいは自由』です。お客さまがその酒を美味しいと感じたら美味しいと言ってください。これは世間では評価が低いとか、安い酒だからというようなことは気にしなくていいです。自分が美味しいと感じたらそれは美味しい酒です。あいつわかってないな、なんてことを偉そうに言う人がいますが、そんな人のことは気にしなくていいです。お客さまが美味しいと感じたらそれは美味しい酒です。美味しいは自由です」

「そうですよね。たまに回転寿司をバカにする人がいますが、美味しいものは美味しいですからね。わかりました。美味しいは自由ですね」

日本とは見た目が違うイギリスのビール

「さて、ビールをお出ししたいと思うのですが、まず1杯目はこれを飲んでください」

私はそう言うと、小瓶の『バス・ペールエール』を出し、栓を抜き、チューリップ型の背の低いグラスに注いだ。

「あれ？　色が濃いですね」

「はい。お客さま、私が何も伝えていないのに、色から入りましたね。素晴らしいです。酒はまずグラスに注がれた外観を見てください。まあ色のことですね」

「いやこれは、いつものビールの色とはすごく違うから気になりますよね」

「はい。いつものビールとは違いますね。ではグラスを手に取って、まずは鼻に近づけてください。外観の次は香りを感じとってください」

「なるほど。順番があるんですね。色を見た後はグラスを手に取って、鼻に近づけるんですね」

そう言って香りをとったお客さま。

「なんか甘い香りがしますよ。飲んでいいですか？」

「どうぞどうぞ」

お客さまは味わうようにゆっくりと飲み、ゴクリと喉をならした。

「ああ、なんか濃いですね。いつものビールとは全然違います。濃くて苦いけどちょっと甘さもあります」

「コメントが完璧です。このビールは『バス・ペールエール』というイギリスのビールで英国王室御用達です。ナポレオンが好んで飲んだし、タイタニックにも500ケース積まれていたそうです。このラベルのトレードマークである赤い三角も有名で、ピカソやマネの絵にも描かれていますよ」

「へええ。そんなに世界で有名なビールなんですね。でも僕、今までこんなビールを見たことなかったなんてお恥ずかしいです」

「いえいえ。そんな恥ずかしがる必要はありません。実はかつては、世界ではこのタイプのビールが多かったのですが、あるときから今私たちがビールと聞いたら想像するあの黄金色のビールが世界中に広がったんです」

「その黄金色のビールって、いつも僕らが〝とりあえずビール〟で飲んでいるあのビールのことですよね」

「はい。〝とりあえずビール〟のあのビールです。あのビールはピルスナーと呼ばれるカテゴリーに入るのですが、日本のビールの99％がピルスナーというスタイルのビールなんです。お客さまが今までこの『バス・ペールエール』に出合わなかったのも当然です」

「ええと、どうして英国王室御用達でナポレオンやピカソも飲んでいたのに、日本の僕はこれに出合えなかったんですか？　どうして僕らはそのいつものピルスナーというビールの方ばかり飲んでいるんですか？」

「それではここからビールの歴史を少しだけお話しします。まずビールはどうやってできるのか覚えていますか？」

「麦を発芽させて麦芽にして、それを麦芽飲料にするんですよね。ミロみたいな。それに酵母を入れると酵母が糖分を食べて、アルコールと炭酸ガスになるんでしたっけ。

あ、あとはホップも入れなきゃでしたよね」

「その通りです。そんな麦から造られるビールはメソポタミアのシュメール文明期にすでに飲まれていました。シュメール人が残した粘土板にくさび形文字で書いたビールの造り方が記録に残っています。また、紀元前3000年頃のエジプトでも飲まれていましたし、紀元前1700年代のハムラビ法典にもビールのことが出てきます。麦を栽培していたメソポタミアやエジプトの古代人にとって、ビールは大切な酒だったようですね。一方、ギリシャやローマのような南ヨーロッパではワインが主役になりました。気候風土の関係で麦がそんなに簡単に育たなかった一方、ブドウはよく育つし、ワインの方がビールよりも造りやすいので自然と南ヨーロッパの人たちはワインを選んだのでしょう」

「ブドウを足で踏みつけてブドウジュースと酵母を混ぜて放っておくだけでワインになるから、そっちが楽でそっちを選んでしまいますよね」

「はい。その通りです。北ヨーロッパでは、古代ゲルマン民族が定住生活に入った紀元前1800年頃にはすでにビールが造られていました。北ヨーロッパではブドウが育たないのでビールを選んだのでしょう。ローマ時代の歴史家タキトゥスの『ゲルマニア』によると、ゲルマン民族のビールを、『ワインより品位の下がる液体である』と揶揄しています。まあ当時はローマから見るとゲルマン民族は野蛮と思われていたから仕方ないのでしょうね。ですので私たちが知っているビールは、ゲルマン民族たちが育てたと言ってもいいと思います。そして、やっとイギリスの話です。イギリスでは元々蜂蜜の酒が飲まれていました。ミードと言いますが、覚えていますか？」

「はい、蜂蜜のお酒ですね」

「そうです。元々はその蜂蜜の酒が飲まれていたのですが、5世紀にゲルマン民族のアングロ族とサクソン族がイギリスにやってきて、この麦芽から造る酒を持ち込みます。これをイギリスではエールと呼びました。このエールは、貴重な甘味料の蜂蜜を使わなくていいので、やがてイギリスでも主要な酒となっていきました。一方、ドイツに居残ったゲルマン民族たちはビアーと呼びました。ヨーロッパ初期のビールは、イギリスのエールと、ドイツを中心としたヨーロッパ大陸側のビアーが並行して発展していくことになります。今、お客さまが飲まれている『バス・ペールエール』はイギリスで発展したエールです。ペールは薄いという意味です」

「ということは、薄いエール以外にいろんなエールがイギリスにはあるんですね」

ドイツのこだわり、ビール純粋令とは

「ありますよ。そんないろんなエールのことはまた後で話すとして、ドイツのビールの話をしましょう。ドイツの偉大さはホップをビールに使い出したことです」

「マスター、ホップって何度も出てきますが、いったいどういうものなんですか？」

「ホップはアサ科の植物です。その植物に花のような部分があるのですが、独特の苦味があって、それをビールに入れて苦味や香りをつけているんです」

「花ではないんですね」

「まあ松ぼっくりみたいな形のものといえば一番わかりやすいでしょうか」

「ホップには苦味と香り以外に何か効果はあるんですか？」

「まず雑菌の繁殖を防ぎます。これが実はすごく大きいんです。今のような冷蔵技術や低温殺菌のような技術がなかった昔は、ビールは腐ってしまうことが大きな悩みだったんです。しかしこのホップを入れることで、雑菌が増えてビールが傷むのを防いだというわけです。他にもホップの効果がありまして、ビールに含まれるタンパク質を沈殿させ濁りを少なくするのと、泡立ちを良くさせるんです」

「いいことだらけですね」

「はい。このホップの存在が、ビールと他の酒との大きな違いかもしれません。他の酒は基本的には穀物や果物を醸造しただけですから。そんなドイツで1516年、『ビールには大麦、ホップ、水の三つの原料以外を使用してはならない』というビール純粋令

が公布されます。現在、食べ物や飲み物に関する法律が世界にはたくさんありますが、このビール純粋令は世界最初の食品に関する法律だと言われています」

「どうしてそんな法律ができたんですか？」

「理由は二つあります。ビールには元々、いろんなハーブが入れられていました。しかしこれをホップだけとすることで、ドイツのビールの品質が向上することを願ったのです。もうひとつ、実はこちらが本当の目的だったのではと言われているのですが、当時は小麦を使ったビールに人気があったんですね。しかし小麦はパンの原料でもあるので、小麦の値段が高騰してしまうのを避けるため、ビールの原料は大麦だけと定めたようです。しかし、実は王室直営の醸造所だけは特例として小麦のビールの製造を認められていて、そこからの収入も狙っていたようです」

「なるほど」

「しかし、この法律は結果、ドイツのビールは美味しいというイメージ、ビール王国ドイツのブランドを確立させることになりました」

「へええ。法律って面白いものですね」

「はい。この後も世界では、政府が決めた酒の法律で、酒の味が変わったり、歴史が動いたりした話がでてきます。楽しみにしてください」

上面発酵＝エール、下面発酵＝ラガー

「マスター、グラスが空になっちゃいました。次のビールを何かいただけますか？」

「かしこまりました。それではこちらでいかがでしょうか」

私は冷蔵庫から『ピルスナー・ウルケル』の小瓶を出して、独特の可愛いジョッキに注ぎ、お客さまの前に出した。

「あれ？　これって、いつもの〝とりあえずビール〟と同じビールに見えますが」

「はい。これが世界中で愛されている、その〝とりあえずビール〟の元祖のビール、『ピルスナー・ウルケル』というチェコのビールになります。ウルケルはドイツ語で元祖の意味で、そのまま元祖のピルスナーという名前ですね」

「へええ。これが元祖ですか。色は僕らが知っている黄金色で、香りは華やかですね。飲んでみます」

お客さまがゴクッと喉をならして飲んだ。

「おおお、日本のビールよりも濃くて苦味が強い気がします」

「素晴らしい感想です。さてこのビールを説明するにあたって、上面発酵と下面発酵の説明をしなくてはならないんです。この言葉がですね、どうもビールをちょっと難しく感じさせる壁になっていまして。でもそんなに難しい話じゃないんです。お付き合いくだささい」

「はい。頑張ります」

「まず、元々、ビールはほとんどが上面発酵というスタイルで造られていました。先ほどのイギリスの『バ

ス・ペールエール』も上面発酵です。麦汁に酵母を入れて、発酵させますよね。そしたら、酵母がビールの上の方に浮いてきてたまるんですね。それをそのまま上面発酵と呼びます。この発酵は温度が15℃から20℃のくらいの間で行われるんですね。中世のドイツでは、腐りやすい夏を避けて、だいたい9月から次の年の3月までにビールの醸造は行われていました。でも、ドイツって寒いですよね。上面発酵は15℃から20℃で発酵します。寒い冬だと麦汁が冷たすぎて、発酵が止まることがあったんです。15世紀のドイツの南、バイエルンですごく低温でもビールの発酵が止まらない事例が見つかりました。さらに、そのビールは低温で貯蔵した方がマイルドな味わいになって、美味しいとわかりました。発酵したら酵母がビールの下の方に沈むのでこれを下面発酵と呼んでいます。これをラガービールといいます。ラガーはドイツ語で貯蔵という意味です。このビールは、冬の間にゆっくりと貯蔵、長期熟成されたビールというわけです。この下面発酵のラガービールは美味しいと話題になりましたが、発酵温度が5℃から10℃の間なので、どんな地方、どんな季節でも醸造可能というわけではありませんよね。それでしばらくの間は、ドイツのローカルビール、いわゆる地酒として存在しました。ここまでわかりましたか？」

「はい。元々はビールのほとんどは上面発酵で、発酵が進めば酵母が上の方に浮いてくるから上面発酵。発酵する温度は15℃から20℃ですよね。でも5℃から10℃の低い温度でも発酵するスタイルが見つかって、それだと酵母が沈むから下面発酵、貯蔵するからラガービールとも呼ぶんですね」

「素晴らしい生徒ですね。さて、19世紀半ばにまで時代は下ります。このドイツのバイエルンで発達したラガービールを真似して、新しいビールを造った街がありました。バイエルンの東、チェコのボヘミア地方のピルゼン市です。バイエルンの水は硬水だったのですが、ピルゼンの水は軟水でした。製造方法は同じでも、この水の違いで新しいスタイルのビールが生まれたのです。このビールに使われているチェコ北西部のザーツ地方のホップは、苦味がきいていることで有名なのですが、ピルゼンの軟水がこのホップの苦味をバランス良く引きだすことで完成したのがラガービールの傑作、ピルスナーだったんです。この時代、ヨーロッパといえば産業革命です。１８７３年にドイツ人のリンデが冷凍機を発明しました。この冷蔵技術のおかげで、全世界で季節や地域に関係なく、工場でこのようなスッキリした苦味のピルスナーを造ることが可能になりました。この時期からビールを冷やして飲むということも流行し、黄金色でさっぱりした苦味のあるこのピルスナースタイルのラガービールが世界を覆い尽くしてしまったというわけです。『ヱビスビール』も『一番搾り』も『ハイネケン』も『バドワイザー』もみんなこの下面発酵で造ったピルスナーです」

「おお、知っているビールばかりです」

「ちなみに、バドワイザーの話をしますと、チェコのボヘミア地方にブドヴァル醸造所という美味しいビールを造るところがあり、ここで造られるビールは『ブドヴァイゼル』といいます。アメリカのバドワイザーはこれをそのまま英語読みしたものです。アメリカもかつては先進国の真似をした名前をつけていたんですね。さて、お気づきでしょうが、日本のあの〝とりあえずビール〟のほとんどは、このピルスナースタイルなんです。だからお客さまは今まで上面発酵の『バス・ペールエール』には出合えなかったわけです」

「なるほど。元々はラガービールはドイツのバイエルンの地酒だったのが、隣のチェコでよりスッキリ苦味が爽やかなピルスナーが造られ、それが冷蔵技術のおかげで全世界の工場でも造られるようになったから、暑いブラジルやフィリピンなど、どこまで行ってもこのピルスナーが造られ飲まれるようになったんですね」

「そうです」

「そういうことなんですね。じゃあマスター、次のビールをお願いします」

種類が豊富なビール王国ベルギー

「かしこまりました。では『ヒューガルデン・ホワイト』はいかがでしょうか」

私はそう言うと、冷蔵庫から小瓶を出し、ゴツゴツしたヒューガルデン用のグラスにビールを注いだ。

「これも黄金色ですけど、ちょっとだけ濁っていますね。香りはちょっとスパイシーっていうのでしょうか、華やかですねえ。飲んじゃいます」

「どうぞ」

「おお、ビールなのにあの苦みがなくて柔らかくていろんな味があります」

「素晴らしい感想です。これはベルギーのビールです。ベルギーは日本の関東程度の面積、人口1000万人ほどの小さな国ですが、その国の中に約130社のビールメーカーがあり、造られているビールの銘柄は1500種を超えると言われています。ドイツやイギリスに引けを取らないビール王国なんです。そしてドイツが『ビールには麦芽、ホップ、水しか使用してはならない』というような法律を定めたのに対して、ベルギーは果物でもハーブでも何でも使ってしまう、美味しければそれでよしというのが信条です。隣の国なのに、同じビールという飲み物に対する考え方がこ

うも違うって面白いですよね」

「すごく面白いです」

「この『ヒューガルデン・ホワイト』はベルジャン・ホワイトと呼ばれるスタイルのビールです。ピルスナーがチェコのピルゼン市以外にも世界中で造られているように、ベルジャン・ホワイトも世界中で造られています。これは白ビールの一種でして、白ビールは小麦と大麦麦芽の両方を使って造るビールのことです。小麦を使ったビールはこんな風に白く濁っていることが多いです。小麦は大麦にくらべてタンパク質が多く含まれるからです。１４４５年にヒューガルデン村で、修道士たちが造ったビールはとても酸味が強かったそうなんですね。それで、オランダ領キュラソー島産の乾燥させたオレンジピールとコリアンダーシードを実験的に加えてみたそうなんです。ビールにオレンジピールとコリアンダーシードを入れてみるって発想はすごいですよね。さらにそれが定番化し、現代でも世界中でこのスタイルのビールが造られているのは、やはり味のバランスがいいっていうことなのでしょう。ベルジャン・ホワイトはどんな人が飲んでも美味しいって感じるビールのひとつだと私は思います」

修道院で造られている「トラピスト・ビール」

「うん。確かにこれは誰が飲んでも美味しいって思いそうですね。でもこれ、修道士が造ったんですね。要するにキリスト教のお坊さんですよね。お坊さんがお酒を造ったって不思議な気がしますが」

「すごくいい指摘ですね。時代は8世紀に戻ります。西ヨーロッパの政治的統一を果たしたフランク王国のカール大帝は、小さな部族の住民たちをキリスト教に改宗させ、支配拠点として各地に修道院を建設しました。その修道院にビール醸造所が併設されていたのです。カール大帝は大のビール好きでしたが、もちろん彼がビール好きだったからビール醸造所が造られたというわけではありません。当時のヨーロッパでは生水を飲むとペスト菌やコレラ菌に感染する恐れがあったため、カール大帝は民衆に水の代わりにビールを飲むことをすすめました。修道院は病院の役割もしていたので、栄養豊富で薬草を使ったビールを薬として利用したのです。そんな修道院のビールは民衆の間に広まって、よく飲まれるようになったんです」

「カール大帝がビール好きだったとは、知りませんでした」

「ベルギーでは現在でも多数の修道院ビールが造られていますが、トラピスト修道会に属する修道院で造られているものだけを『トラピスト・ビール』と呼びます。修道院の中で醸造されていて、営利商品ではなく、販売による利益は修道院の活動および地域の開発にのみあてられます。そして、修道院のレシピにならって別の場所で造られたビールは、ただの修道院ビールと呼んで区別しています。この修道院ビールはアルコール度数が高いものが多いという特徴があります。特に度数が高いものを『デュベル』、『トリペル』と呼びます。前者は英語でダブルのことで度数が6％あります。後者は英語でトリプルのことで度数が8％です。ごくごく飲むというよりはワインを飲むような感覚で楽しんで欲しいビールです。ビールでアルコール度数が高いというのは、麦汁の糖度が高いということで当然色も濃くなるはずですが、修道院ビールはアルコール度数が高い割には、淡い色のビールが多いです。これは濃い麦芽を使っているのではなくて、キャンディー・シュガーを足しているからです。原材料の節約のためではなくて、バランスの良い、より美味しいビールを追求した結果です。酵母を入れるタイミングも独特です。最初の麦汁のときに酵母を入れるのは他のビールと同じですが、最後の瓶詰めのときにまた酵母を入れます。瓶詰めのときに酵母を入れるということは、ビールが市場に出回ってからも、瓶の中で発酵しているということです。これを瓶内二次発酵と呼びます。こんな風に造られたビールは、人が栓を開けてグラスに注ぐまで、ずっと発酵と熟成が続くというわけです。ですので、この修道院ビールはワイン同様に何年か熟成させて飲むという面白さがあります。いつかお客さまも是非、発酵や熟成が進んだ修道院ビールを飲んでみてください」

「はい。日本ではどんなトラピスト・ビールが飲めますか」

「トラピスト修道院で造られているトラピスト・ビールで日本で有名なのは『シメイ』です。ベルギーのシメイにあるスクールモン修道院で造られています。中世から続く歴史のあるビールで、たくさんの種類のビールが造られていて、それぞれの味が違って、飲み比べてみるのも面白いですよ。ちょっと大きい酒屋さんに行くと必ず置いてあります。いろんな料理に合わせてみるのもいいですね」

「そうかあ。修道院ビールっていうものがあるんですね。活動するのに何か収入は必要だけど、ビールを造って売るなんて、キリスト教って面白いですね。日本の大きい酒屋さんなら必ず置いてあるってことは、世界中で売られているんですよね。収益すごそうです」

自然発酵で造られる伝統的なビール「ランビック」

「最後にベルギーのビールで必ず知っておいて欲しいものがあります。野生酵母を使って造るランビックです」

「野生酵母ですか？」

「はい。今まで説明してきたビールはすべて、培養された酵母を麦汁の中に投入して、発酵させてビールにしていました。しかし、ランビックは空気中に浮遊している野生の酵母を使っているんです」

「ええと、僕、母親がパンを焼くので、よく酵母を買ってきているのを知っているんですね。そういう酵母以外にも、空気中にふわふわ浮いている酵母があるってことなんですか？」

「そうなんです。実は酵母は空気中に浮かんでいて、自然と糖分を見つけて、勝手に糖分を食べて、アルコールと炭酸ガスにしてしまうんです」

「じゃあどうして、今までのビールは、空気中の酵母を利用しないで、培養した酵母を投入していたんですか？」

「空気中の酵母を利用しようとすれば、麦汁が入った桶やタンクの蓋を開けっぱなしにする必要がありますよね。そうしてしまうと酵母以外の雑菌も入ってくる可能性があるんです。だから普通のビールは、タンクを密閉して麦汁に酵母を入れて、他の菌が入らないようにしてタンクの中で発酵させるんです。しかし、このランビックの場合は、わざと麦汁を蓋のない大きくて浅い槽の中に一晩放置します。そして、醸造所の中に浮遊している野生酵母が麦汁に自然に入り込むのを待ちます。このとき、通常のビールでは好ましくないとされる乳酸菌も入ってきます。ランビック独特の酸味はこの乳酸菌が作り出しているんです。ランビックの醸造所では、ビールに理想的な菌類が入り込むように非常に気を遣っています。醸造所の内装はめったに変えません。蜘蛛の巣も取り払いません。蜘蛛の巣は外から雑菌を運んでくるショウジョウバエをとってくれるから大歓迎なのです。ランビックは、樫の木の樽の中で数年かけて発酵、熟成させて造られます。一人前のランビックになるには二夏以上を越さなければなりません。この年月がランビックを深い味わいに仕上げます。ホップにも特徴があります。普通のビールを造るときはできるだけ鮮度の保たれたホップがいいんですね。ホップは新鮮であればあるほど苦みがあります。現代では真空パックに入れられたホップもあるほどです。しかし、ランビックの場合は、1年以上貯蔵したホップを大量に使います。ランビックには自然酵母と一緒に不要な雑菌も入り込んでいるので、それらを殺菌するためにホップを大量に使うんです。でも、貯蔵されたホップを使うため、ランビックにはそんなには苦みはつきません。むしろ一般的なビールより苦みは少ないくらいです。それでランビックはバランスの良い酸味と苦みがあるビールに仕上がるというわけです」

「うわあ。手が込んでいますねえ。要するにそこまでの時間と手間をかけて、伝統的な造り方、伝統的な味を守っているというわけですよね。ベルギービールって本当に奥が深いですね」

「そうなんです。最近、たまにベルギー以外の国で造られたランビックという名前のビールを見かけます。これはベルギーのランビック醸造所に生息している自然酵母と乳酸菌を取り出して培養したものを添加して造った、ランビックと似たようなビールです。ランビックにはグーズ・ランビックと呼ばれるものがあります。一夏しか越していない若いランビックと、何年かかけて熟成したランビックをブレンドしたものです。ブレンドによって様々な味わいを作り出すことができるのがグーズ・ランビックの特徴です。醸造は自社では行わずに、複数の醸造元から若いランビックと長期熟成したランビックを購入し、ブレンドだけ行って自社ブランドのグーズ・ランビックを出している会社もあります。1年以上かけて熟成させたランビックに、フランボワーズやチェリーといったフルーツをまたまた何週間、何ヶ月と漬け込んで仕上げるフルーツ・ビールもあります。これらは結構ドライに仕上がっているので意外な味かもしれませんが、例えば、鴨の料理に、これらのビールをフランボワーズやチェリーのソースのような感覚で合わせてみると味の可能性が広がりそうですね」

「なんかおしゃれな合わせ方ですね」

「最後に紹介するのは、ベルギーならではのもので、セゾンというビールです。フランス語で『季節』という意味ですね。これはベルギーの南の方で造られていたスタイルで、農家が冬の間に仕込んで、夏の農作業中に飲むために貯蔵しておく自家用のビールのことです。夏までの数ヶ月間ビールをもたせるために、ホップを多く使うなどいろんな工夫がなされていました。セゾン酵母からくるフルーティーな香りと喉ごしの良さが特徴的です。比較的飲みやすい華やかな香りのものが多いですね」

「うーん。ベルギー、いろんなビールがあって面白そうですね。行ってみたくなりました」

「ベルギー現地ではビアカフェというビール専門のカフェがあるそうです。カフェと言ってもフランスのような食事ができるところではなくて、いろんな生ビールのサーバーがあったり、瓶ビールもたくさんあったりして、老若男女がそれらを楽しんでいます」

「へえぇ。楽しそうです。ベルギーといえば、フリッツ、あのフライドポテトの発祥地で有名ですよね」

「よくご存じですね。そのフリッツ屋さんが街中にあって、テイクアウトしたフリッツを持ち込みできるビアカフェもあるようなんです。フリッツ持ち込み可能なビアカフェは入り口の扉にフリッツの三角のイラストが描いてあって、フリッツ屋さんも、『そこのビアカフェに持ち込みできるよ』なんて教えてくれるそうです。ビアカフェでは揚げ物の厨房設備を用意しなくていいし、フリッツ屋さんがお客さんを紹介してくれるし、すごくいいシステムですね」

「おおお。マスター、ますますベルギーに行ってみたくなってきました」

腐敗を防ぐ目的で生まれた「インディア・ペール・エール」

「マスター、『ヒューガルデン・ホワイト』が空になってしまいました。次のビールをお願いします」

「ありがとうございます。それではこちらいかがでしょうか」

私はそう言うと、冷蔵庫から『パンクＩＰＡ』のボトルを取り出し、背の低いチューリップ型のグラスに注ぎ、お客さまの前に出した。

「あれ？　これ、パンクって書いてありますが、あの音楽のパンクのことですか？」

「はい。そうです」

「へええ。色は黄金色ですね。おおお、グレープフルーツの香りがします。これ、グレープフルーツが入っているわけじゃないですよね。飲みます」

　そう言うとお客さまはゆっくりとグラスに口をつけた。

「うわあ、苦いですね。でもスッキリしています」

「お客さま、味わいの感想がどんどん的確になっていきますね。もう仰る通りです。この『パンクＩＰＡ』の説明をする前に、ＩＰＡ、つまりインディア・ペール・エールの話をいたします。イギリスが世界にたくさん植民地を持っていた時代はご存じですよね」

「はい」

「当時、インドに住んでいるイギリス人にとってみれば、生水はできれば避けたいもので、故郷のあのエールを飲みたいと考えていました。しかし、イギリスからインドまでは船で5ヵ月かかります。途中で赤道を通ることもあり、エールは長い間、高温多湿なところに閉じ込められます。当時はまだ微生物の存在がわかっていなかったので、低温殺菌のような保存技術がなかったし、冷蔵技術もありません。イギリスを出たエールはインドに着くまでの間に腐ってしまうことがあったんです。そんな腐敗を防ぐために当時使われた方法が、ホップを大量に使うことと、アルコール度数を高めることです。それにより出来上がったのがインディア・ペール・エールです。アルコール度数を高めるには糖分の元となる麦芽をたくさん使用します。現在の一般的なビールの2倍近い麦芽を使用しました。大量の麦芽を使って仕込まれたインディア・ペール・エールは、発酵を終えてから輸送用の樽に詰められます。船はとても気温の高い場所を通るため、さらに発酵は進んで、アルコール度数は7％から9％程度まで高くなってしまって、最終的には甘さがほとんどないビールに仕上がりました。ホップも殺菌効果を高めるために現在の一般のビールの7倍もの量を使っていました。先ほど説明したランビックのようにホップを寝かせて苦みを減少させるというようなこともしなかったので、このインディア・ペール・エールの苦みは強烈なものだったようです。それほど強烈な苦みだったのにインドに住むイギリス人は大歓迎して飲んだようです。ここまでが本来のインディア・ペール・エール、すなわちＩＰＡの話です」

クラフトビールはアメリカから始まった

「本来のということは、僕が今飲んでいるこの『パンクＩＰＡ』は本来のインディア・ペール・エールではないんですね」

「はい。次はアメリカに話は飛びます。アメリカは元々イギリスの植民地だったので、エールタイプのビールが飲まれていました。しかし、１８３０年頃にはドイツ系移民がアメリカに入ってくるようになり、下面発酵のラガービールがアメリカでも造られるようになります。そしてチェコでピルスナーが誕生して、冷蔵技術が発達して、アメリカでもこのタイプのビールが造られるようになりました。今でも世界で人気のアメリカの『バドワイザー』はこの時期に誕生しました。その後、アメリカでは1920年に禁酒法が始まります。酒の製造が禁止され、当時のアメリカの小さな醸造所のほとんどは廃業してしまいました。そんな禁酒法に対して、アメリカ人たちは、『じゃあ酒を飲むのはやめます』とはなりませんでした。密造酒が造られ、主にカナダから酒が密輸され、スピークイージーと呼ばれる違法な秘密酒場もたくさんでき、それらを牛耳るマフィアが大活躍しました。それまでのアメリカ人はピューリタン的で、厳格で潔癖な生活を送るべき、法律は守るものという国民意識がありましたが、この時期に法律は守らなくてもいいものという意識が蔓延するようになりました。禁酒法は、やはり現実には合わなかったのでしょう、1933年に廃止となりました。それからは大きな資本力をもつバドワイザーやクアーズのような大手ビールメーカーが市場を独占するようになりました。生き残った小さな醸造所も資本力のある大手のビールメーカーに吸収合併されていきました。アメリカでは大量生産されたあのライトなピルスナータイプのビールが市場を支配することになったのです」

「アメリカのビールの歴史の流れがよくわかりました」

「そして１９６０年代、カウンターカルチャーの時代がやってきます。大手ビールメーカーの大量生産の、似たり寄ったりの味わいを嫌った一部のビール好きたちが、この時期からマイクロブルワリーと呼ばれる小規模醸造所を立ち上げ始めました。彼らが目を付けたビールが、かつてイギリス人がインドに送るために造ったインディア・ペール・エールです。このＩＰＡはアメリカで再発見され、アメリカで発展していきます。もちろんかつてのインディア・ペール・エールのようなただただ苦いだけのビールではありませんが、現在のＩＰＡにもたっぷりとホップが使われています。このアメリカの小規模のビール醸造所が造ったビールのことをクラフトビールと呼ぶようになり、そのブームは全世界へと広がっていくことになりました。同時に、アメリカで再発見されて発展したＩＰＡも、全世界の小さなビール醸造所で造られるようになります」

「話が壮大ですね」

「次はこの『パンクＩＰＡ』にいきましょう。２００７年、イギリスのビール市場配していたラガーとエールに飽きていた青年ジェームズとマーティンと犬一匹が、ブリュードッグというビール醸造所を立ち上げました。このブリュードッグは設立からわずか2年でスコットランド最大の醸造所となり、今やイギリスで売り上げナンバーワンのクラフトビール醸造所となりました。そのブリュードッグを代表する銘柄が、この『パンクIPA』です。創業者のジェームズとマーティンが世界一のIPAを目指して生み出し、ブリュードッグを世界中に知らしめました」

「ええ!? ということは、元々イギリスでインドに運ぶために生まれたIPAが、アメリカで再発見されて、発展して、そのクラフトビールのブームがイギリスのスコットランドにも渡り、そこで世界一のIPAを造ろうとした人たちが大ヒットさせたってわけですね。うーん、歴史って面白いですね。ちなみにマスター、このビール、さっきも言いましたけど、すごくグレープフルーツの香りや味わいがしますよね。これ、どうしてなんですか?」

「これはホップからくるものです。チヌーク、ネルソンソーヴィン、カスケード、アマリロ、シムコー、アーテナムという6種類のホップが、通常のラガービールの量の40倍使用されています。ネルソンソーヴィンはニュージーランド原産ですが、それ以外はすべてアメリカ産のホップです。これらのホップは、ヨーロッパの以前からあるホップと区別するために、新世界のホップと呼ばれています。これらのホップの多くは、先ほどからお客さまがグレープフルーツと仰っているような柑橘系の香りが特徴的で、クラフトビールが世界で生産されるようになったとき、世界中でこれら新世界のホップが使用されるようになりました。それでイギリスの醸造所であるブリュードッグもヨーロッパのホップを使わずに、新世界のホップを使ってこういう味わいにしているというわけです」

「そうかあ。ビールは基本的には、麦芽と水とホップだけで造っていて、ホップで香りや味がすごく変わるから、アメリカ原産のこういうホップを使うと、グレープフルーツのような香りがするというわけですね」

「そうです。ビールにとってホップはすごく重要です。どんなホップをどれだけ使うかで、香りや味わいがかなり違ってきます。アメリカのＩＰＡの進化系のビールで、ヘイジーＩＰＡというスタイルのビールがあります。ヘイジーは『濁った』という意味なので濁ったＩＰＡですね。原料にたんぱく質の多い小麦やオーツ麦を使っているのと、発酵後の酵母をろ過しないでビールの中に残したままにしているため、濁っているのです。この濁りがまろやかな口当たりを生み、苦味を感じにくくしています。ホップは熱を加えると苦味が出るので、普通は発酵前の麦汁を煮るときに入れます。しかし、このヘイジーＩＰＡは発酵がある程度終了した段階でホップを入れるので、ホップの苦味は出ないのに、素晴らしい香りだけは現れます。こうすることで苦味がなくフルーティーな香りと味わいがホップから得られるのです。これをドライホッピングといいます。ちなみに、アメリカではＩＰＡは元々西海岸で造られていたので、それをウエストコーストＩＰＡと呼び、このヘイジーＩＰＡはアメリカ北東部で造られたので、イーストコーストＩＰＡやニューイングランドＩＰＡと呼ばれることもあります。あるいはその味わいからジューシーＩＰＡとも呼ばれます。まあ苦くない濁ったフルーティーなＩＰＡのことですね」

『ギネス』ビールの意外な成り立ち

「マスター、『パンクIPA』が空になりました。次のビールをお願いします」

「かしこまりました。それではこちらでいかがでしょうか」

私は、冷えすぎていない冷蔵庫から『ギネス』の小瓶を取り出し、背の高い『ギネス』のグラスに注いだ。

「あ、これは知っています。『ギネス』ですよね。どこかで飲んだ覚えがあります。まずは色ですよね。黒いですね。そして泡がすごくクリーミーです。香りはチョコレートみたいです。飲みますね」

お客さまが本日5杯目のビールを飲む。

「しっかりとしたコクがあります」

「そうですね。こちらは『ギネス』です。スタウトというスタイルのビールになります。スタウトは英語で頑丈とか強いという意味です。このスタウトの話をする前に、ポーターという、18世紀初頭にロンドンで大流行したビールの説明をします。当時のロンドンでは、3種類のエールをブレンドしたビールが流行っていました。これは要するにハーフ&ハーフやカクテルのように、パブのスタッフが、お客さまから注文を受けてから、カウンターの中で3種類のエールをブレンドさせていたんですね。かなり手間がかかってしまいます。それを目にしたベル醸造所の経営者ラルフ・ハーウッドが、ブレンドされたビールと同じ味わいのビールを造って売り出したんです。最初からハーフ&ハーフの味わいのビールとかジントニックとかが缶に入っているっていうのと同じ感覚でしょうか。パブのスタッフの手間もかからない

し、安いということで、このポーターと呼ばれるスタイルのビールがイギリスで大流行しました。この安くて人気のあるポーターが、当時イギリスの植民地であったアイルランドにも輸出されました。アイルランド現地にはもちろんたくさんのビール醸造所があったので、この安くて美味しいポーターがイギリスから輸入されると大打撃を受けてしまいます。そこで立ち上がったのがアイルランドのビール会社ギネス社です」

「でました、ギネス」

「ギネスはイギリスのポーターを研究し、焦がした大麦を使った品質の高いポーターを開発し、スタウト・ポーターと名付けました。このアイルランドのスタウトは人気となります。するとそれに対して、イギリスは麦芽にかかる税金を高くします。このような酒に税金をかけることって、多くの政府がよくします。酒はなかなかやめられないものですから、多少税金をあげてもたっぷりと税収が入ってくることが見込めるからです。イギリスは麦芽の税金を高くしましたが、ギネス側は使っている麦芽を発芽していない大麦に変えたのです。このことで、ギネス側は節税ができました。加えて、それよりもギネスに与えたもっといい影響は、味がよりドライになり、クリーミーな泡が出るようになったことです。この『ギネス・ドライ・スタウト』はイギリスでも大ヒットし、19世紀末にはギネスは世界最大規模の醸造所になりました」

「へえぇ。面白い話ですね。高い税金から逃れようとしたことが味の向上になるってことがあるんですね。お酒の歴史って面白いです。マスター、ちなみにギネスブックってあるじゃないですか。あれとこのお酒の『ギネス』は関係あるんですか？」

「はい。同じ会社が始めたものです。１９５１年、ギネス社の最高経営責任者であるビーバーという人が仲間たちと狩りに行ったときのこと、『世界で一番はやく飛ぶ鳥は何だろう？』という話題になって、『俺はライチョウだと思う』『いやいやそれは違う』といった議論になったのですが、結論は出なかったようなんですね。普通はここで終わってしまいますが、このビーバー氏が、『世界一の記録を集めた本を作ると話題になるかも。その本を、ビールを卸しているパブに配るとその内容が酒の肴になって話がはずむかも。するとギネスビールをまたさらに飲みたくなるに違いない』と思いつき、世界で何が一番なのかを網羅したギネスブックを作ったそうなんです」

「すごいアイデアですね」

「実際、それでギネスブックの名前の方が世界で有名になって、今ではギネスブックのギネスビールという順番になっていますからね。宣伝効果もあったわけですね」

「なるほどなあ。お酒っていろんな売り方があるんですね。勉強になります」

「イギリス独特のビールで、バーレーワインも知っておくといいかもしれませんね。バーレーワイン、訳すと『麦のワイン』です。イギリスのエールタイプのビールですが、濃い麦汁を使って発酵させるので、味は濃くてアルコール度数も高いです。また、木樽でじっくりと熟成させるため樽の香りが移り、ナッツやドライフルーツのような香りがあります。普通のビールは発酵させた後、実は二酸化炭素、要するに人工的な炭酸ガスを足しているんですね。でもこのバーレーワインは瓶詰めするときに酵母を瓶の中に残したまま、長期間熟成させます。すると、ゆっくりと瓶の中で二次発酵し、普通のビールよりも柔らかく繊細な泡が生まれるというわけです。ビールだけど、ワインのようにゆっくりと味わって欲しいですね」

日本にビールが伝わったのはいつ？

「さて質問です。日本人が初めてビールを飲んだのはいつ頃のことだと思いますか？」

「ええと。織田信長がワインを飲んでいるシーンってテレビとかでよく見るじゃないですか。だから同じく戦国時代とかですか？」

「残念ながら違います。織田信長にワインを渡したのはポルトガル人たちですよね。先ほど言ったように、南ヨーロッパではワインを造って飲むので、戦国時代の当時日本にやってきたポルトガル人たちはワインを持ち込みました。しかしビールは北ヨーロッパのゲルマン民族の酒です。日本人と最初にビジネスを始めたゲルマン民族はオランダ人です。1724年、徳川吉宗の時代の、『阿蘭陀《おらんだ》問答』という書物の中に、ビールが初めて出てきます。オランダ語の通訳の日本人の感想によると、ビールはすごく不味かったそうです。やっぱりどんな人もあの苦さは最初は不味いと感じるのかもしれないですね」

「オランダ人ですか。なるほど」

ビール瓶はなぜ茶色？

「オランダには『ハイネケン』や『グロールシュ』といった有名なピルスナータイプのビールがあります」

そう言うと冷蔵庫から2本のビールを取り出し、お客さまに見せた。

「こちらが『ハイネケン』と『グロールシュ』のボトルになりますが、どちらも緑色です」

「普通ビールの瓶って茶色いですよね」

「はい。キリンやエビスのビールもどれも瓶は茶色ですね」

「じゃあこれはどうして緑色なんですか」

「実はホップの苦み成分は光を受けると、化学変化しやすいんです。太陽の光はもちろん、蛍光灯の光でも、ビールに当たってしまうと、ホップが日光臭とかキツネ臭と呼ばれる嫌な臭いを発してしまって、ホップの爽やかな香りも味も台無しになってしまいます。しかし茶色い瓶は、このホップを傷める光の波長をカットしやすいんです。それで茶色い瓶がスタンダードになっています。でも、茶色い瓶ってイメージが暗いですよね。それで、茶色い瓶の次に、ホップを傷める光の波長をカットしやすいのが緑色の瓶なんです。オランダのビールメーカーはその緑色を選んで、『ハイネケン』や『グロールシュ』の瓶が生まれたのでしょう。ちなみにメキシコに『コロナ』というビールがありますが、あれは透明の瓶に入っていますよね。

この『コロナ』に使用するホップは、ホップの有効成分を液体状に抽出したもので、苦味成分が光で分解されにくく加工されているんです。でも本来はホップは光に弱いと思っていてください。たまに、太陽の光が当たるところに瓶ビールが置かれているのを見かけますが、できれば直射日光が当たらない暗いところで保存していただきたいものです」

「そうでしたか。ビールの中に入っているホップって、光に弱いんですね」

「ビールの話はここまでです。いかがでしたか？」

「マスター、酔っ払っちゃいました。お会計お願いします」

「ありがとうございます」

第2章

ワイン

ワインはルールが多くて面倒くさい？

夜の7時、開店と同時に先日のお客さまと渡辺絵里子さんが扉を開けて入ってきた。絵里子さんが、「叔父さん、お久しぶりです。先日はこの高志がいろいろ教えてもらったそうで。今日は一緒についてきました」と笑うと、高志さんが「マスター、今日こそ、僕がフレンチレストランでどうすべきだったのか、教えてください」と頭を下げた。

二人は席に着くと、絵里子さんが、「じゃあ乾杯したいので、スパークリングワインをグラスで何かいただけますか」と言った。

私はモエ・エ・シャンドンのシャンパーニュと、ルー・デュモンのクレマン・ド・ブルゴーニュのロゼをグラスに注いで、二人の前に出した。

「絵里子さんの方はモエ・エ・シャンドンという造り手のシャンパーニュで高志さんの

方はルー・デュモンという造り手のクレマン・ド・ブルゴーニュです」

　二人はグラスを手に取り、「乾杯」と言いながら、高志さんが自分のグラスを絵里子さんのグラスに近づけようとした。

「ちょっと待った！」

　高志さんが驚いていると、絵里子さんがこう言った。

「今、グラスとグラスをガチャンってぶつけようとしたでしょ」

「え？　乾杯なのにダメなの？」

「あのね。こういうバーだとすごく良いグラスを使っているの。これはリーデルでしょ。このグラスひとつで2000円以上はするから。そんな高いグラスをガチャガチャぶつけられたら傷がつくかもしれない

し、もしかしたら割れるかもしれないし、そしたらマスター、困っちゃうじゃない」

「ああ。そうかあ。じゃあどうすればいいの？」

「目と目を合わせて、グラスをちょっと傾けて、ニコッとすればいいの」

「そうなんだ。じゃあ、ニコッ。ええとちょっと待って。僕のグラスの持ち方はこれであってる？」

「それも言おうと思っていたんだけど、本当はグラスは細くなった足の部分を持つ方がいいよ」

「上の方を持ったらダメなんだ」

「正確に言うと、ダメってことはないの。ワインの本場のフランスでは足のところは持たずに上の方を持つ人っていっぱいいる。でもね、上のところを持つと、手の温度が伝わって、ワインが温まるでしょ。上の方

を持つときは、ワインの温度を上げたいときなの。それに指紋がべたべたつくから美しくないじゃない。だから、グラスの下の足の部分を持つのが正しいの」

「ワインの温度。なんか面倒くさいなあ。そうだ。白ワインは冷やして、赤ワインは常温でいいんだよね？」

「白ワインやスパークリングワインは冷やした方がシャープな味わいになるからね。でも、赤ワインは、種類にもよるけど、だいたい16℃から20℃くらいが美味しく飲めるかな。日本の常温と、ヨーロッパの常温って違うじゃない。だから日本の常温、いわゆる室内の温度よりも、少し冷やしたくらいってこと」

「なるほど。赤ワインの常温はヨーロッパのことだったんだ。じゃあ日本だと少し冷やすべきだね」

「そうそう。はい。じゃあ下の部分を持って」

「この細い足の部分を持って、グラスを傾けてニコッ、だね。了解」

「あとは色を見て、そして香りをとって……」

「それは知ってる。この間、ビールを飲むときに教わったから」

「ワインの香りをとるとき、グラスを回していい場合と回さない方がいい場合の話は聞いた？」

「え？　グラスを回すとか回さないとかもあるの？」

「グラスを回すのには理由があるの。ワインって空気に触れると酸化が進むのね。開けたてのワインってちょっと閉じていることがあるから、グラスを回して空気に触れさせるとワインが酸化して開いて、そのワイン本来の香りや味が出てくるの。だから何でもかんでもグラスを回すのは意味がない。逆に古いワインなんかは酸化が進むから回さない方がいいってわけ」

　そこで私はこう口をはさんだ。

「まあまあ絵里子さん、そんな一気に伝えてもわからないと思いますよ。高志さん、今、ワインって面倒くさいなあって思いましたよね。先日のビールのときはグラスのこを持てとか、グラスを回すとか言いませんでしたからね。それではここで、なぜこんなにワインは面倒くさいルールが多いのか説明します。先日も少し言いましたが、ワインはイエス・キリストが遺した言葉のせいで、キリスト教の儀式に必要な飲み物となりました。キリスト教はヨーロッパの隅々まで広がり、その後は世界中に広まっていきますが、儀式に必要なのでワインもセットで世界中に広がっていったというわけです。日本に仏教が入ってきたときのことを想像してもらえますか。仏教の教えだけではなく、仏像や仏画の美術や寺院の建築の技術なんかも日本に入ってきましたよね。当時の日本人にとってみれば、仏教とセットになった文化はかなり衝撃的だったはずです。これはすごく新しいぞ、これは一生懸命学ばなきゃって、当時の日本の支配階級や知識層は思ったはずです。同じようにキリスト教がヨーロッパの隅々まで、あるいは世界中に広がっていくときも、キリスト教の教えだけではなく、いろんな文化が一緒にその地方にもたらされました。そんなとき、儀式に必要なワインは、世界中で、多くの支配階級や知識層、そして一般人にも、どうやら素晴らしい飲み物らしいって刷り込まれます。ヨーロッパの王侯貴族たちにもすごく愛されました。今、お出ししたシャンパーニュやブルゴーニュ、ボルドーといった地域のワインをヨーロッパ中の王侯貴族たちがこぞって欲しがったんです。また昔の日本を想像して欲しいのですが、安土桃山時代に、お茶が戦国大名たちの間でもてはやされましたよね。茶道っていろいろとしきたりがあるし、すごく高価な器もあるし、素人にとってはわかりにくくて面倒くさいじゃないですか。それと同じなんです。ワインも当時の王侯貴族たちにとっては、すごくお洒落で文化的なツールだったんです。それでワインはビールやウイスキーと比べて取っ付きにくいし、いろんなマナーや格付けがあるし、どうしても難しいなあって感じてしまうというわけです」

「なるほど。キリスト教とセットになっているのと、ルイ何世とかが好きだったりして、ちょっと難しい飲み物になっているんですね。仏教と茶道と同じかあ。わかりやすいね、絵里子」と高志さんが言う。

「うん。なんかそう解説されると、ルールが多いのは仕方ないなあって気がしちゃうね。秀吉とルイ15世が同じで、千利休とポンパドゥール夫人が同じって感覚だ」と絵里子さんが答えた。

私が、「それいいですね。秀吉とルイ15世、千利休とポンパドゥール夫人」と言うと、高志さんが「二人で何を盛り上がっているんですか。そういううんちくも何だかなあ、なんです」とすねた。

「失礼しました。フランス国王ルイ15世の愛人でポンパドゥール夫人という女性がいたんですね。彼女は宮廷で実権を握って、いろんなワインを愛したことで有名なんです。秀吉と千利休の関係に似ていますよね。そう考えればわかりやすいんだなあって思いました」

ワインのルーツ

「これから高志さんが一緒に楽しめるように、ワインのいろいろなことを説明しますね。まずルーツの話からします。ワインは簡単に造れるため太古からあったようで、ワイン造りの発祥地はジョージアだと考えられています。紀元前6000年頃のジョージアでワインが醸造されていたと思われる跡が発見されています。その後、古代エジプトや古代メソポタミアで発達しました。紀元前3000年頃のエジプトの壁画にワイン造りの絵が描かれていますし、紀元前2500年頃のシュメール人が書いた『ギルガメッシュ叙事詩』にもワインは登場します」

「またエジプトの壁画とシュメール人だ」と高志さん。

「そうですね。ビールのときもそうでしたよね。しかしここからワインはビールとは違う道をたどります。その後、紀元前1000年頃から古代ギリシャにワインが伝わります。ギリシャ神話では、ディオニュソスという酒の神が登場します。ローマ神話ではバッカスですね。この神はブドウ栽培とワイン造りを考え出し、各国に広めたとされています。ワインはギリシャからイタリア半島に伝わり、ローマ帝国でさかんに造られるようになります。二人は世界史は勉強しましたか？」

「一応」と絵里子さん。

高志さんは「僕は世界史、好きです」と目を輝かせた。

「ローマ帝国はその後ヨーロッパ中に領土を広げていきますよね。そのときに、今のフランスやドイツにワイン造りが伝わりました。今、二人の目の前にあるシャンパーニュやブルゴーニュといった世界で有名なワインは、その時期から造られはじめたというわけです。もちろんヨーロッパ中に広がったキリスト教の修道院はブドウ畑を作り、そこではワインが醸造されました。先ほど申し上げたように、ワインはキリスト教の儀式で必要なので、ヨーロッパ中で尊ばれたんです。その後、14世紀にルネッサンスがあり、ヨーロッパの人々は古代ギリシャやローマへの憧れが高まります。さらに、16世紀から18世紀の華麗なる宮廷文化でも良質なワインは高値で取引されました。一方、16世紀には大航海時代があります。ヨーロッパ人は、南北アメリカ大陸やオーストラリア大陸に進出しますが、そのときもキリスト教とワインがセットになっています。ヨーロッパのブドウを現地に移植し、南北アメリカやオーストラリア、ニュージーランドでもワインが造られはじめます。この時期、日本にもポルトガル人がやってきました。先日、高志さんが言っていたように、織田信長がワインを飲んでいますよね」

「ビールはゲルマン民族が育てたって教えてくれましたが、ワインはやっぱり南ヨーロッパからじわじわと北ヨーロッパの方に進んでいく感じなんですね。マスター、ここで疑問なのですが、アメリカやオーストラリアでワインは造られたのに、イギリスではワインは造られなかったんですか？　イギリス人もキリスト教の儀式で必要なはずですよね」

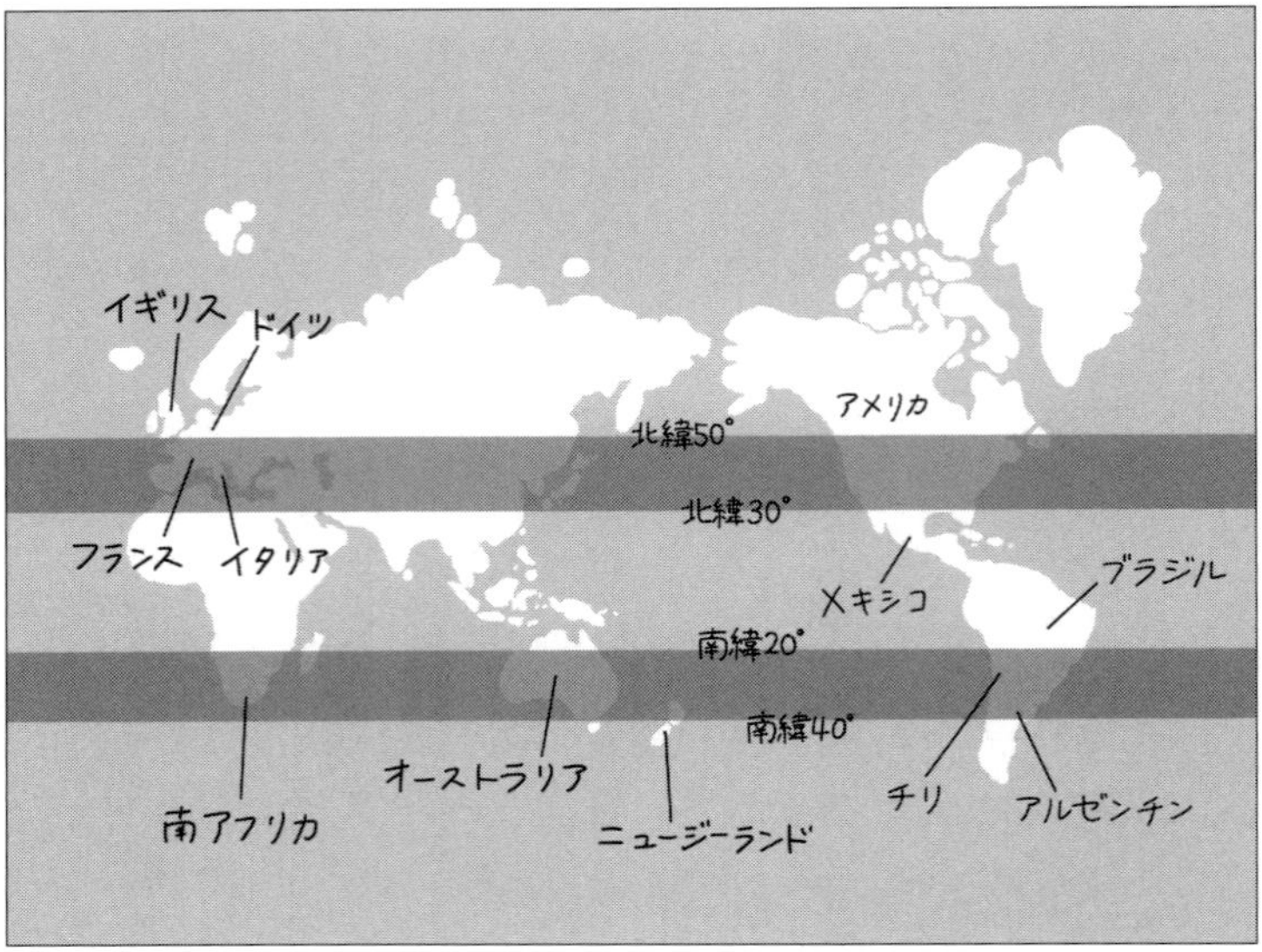

「すごくいい質問です。ワインのブドウですが、北緯30度から50度、南緯20度から40度の間でしか育たないんです」

私はカウンターの下から地図を取り出し、二人の前に広げた。

「この地図を見てください。イギリスはギリギリ入っていなくて、良質なブドウは育たないんです。あるいはブラジルやメキシコでは赤道に近すぎて暑すぎるんですね。やっぱり良質なブドウは育たないというわけです。さてここで、ワインとビールの決定的な違いを教えます。例えば、日本のあるビールは、麦芽の大麦は日本のものも使っていますが、北米、ヨーロッパ、オーストラリアからも輸入しています。ホップはドイツとチェコから輸入しています。ビールは先日申し上げたように、冷蔵技術が開発されてからは、全世界の工場で良質なピルスナーが造られるようになったんですね。麦やホップはどこか別の国から輸入して、メキシコ産のビールや日本産のビールが造られるようになったんです。しかしワインの原料のブドウは、原則的にはその地域の畑で収穫されたブドウだけを使って醸造されることになっています。フランスのブルゴーニュの畑で獲れたブドウをイギリスが輸入して、イギリスのワインを造るということは原則的にはありません。イギリスでワインを造りたければ、イギリスでブドウ畑を作るしか方法はないのです。最近は地球温暖化でイギリスの南部でブドウ栽培が行われ、ワインが造られるようになりましたが、基本的にはイギリスではワイン造りは難しいということなんです。つまり、ワインを醸造する場合は、目の前のブドウ畑とセットなんです。例えば、このバーは渋谷区の宇田川町にありますが、私がこのビルの屋上でブドウを育てて、そのブドウからワインを造ったとしますと、そのワインは『日本の渋谷宇田川町の畑のワイン』と呼ぶことができるんです。もし、私がアメリカからブドウを買い付けて、渋谷でワインを造っても、それは日本の渋谷ワインとは名乗れません。日本ワインと名乗るには、日本で栽培されたブドウを使用するという法律があるんです。一方、私がアメリカから大麦とホップを輸入して、渋谷でビールを醸造したら、そのビールは渋谷ビールと名乗れます。おわかりでしょうか。ビールは造った醸造所の名前がつけられますが、ワインはブドウ畑の名前やブドウ畑があるその地域の名前がつけられるんです」

「スパークリングワイン」と「シャンパーニュ」

「さて、お二人の目の前にあるワインもそうです。それをこれから説明します」

「お願いします」と二人。

「まずどちらもフランスのスパークリングワインですが、絵里子さんの方はシャンパーニュです。シャンパーニュはフランスのシャンパーニュ地方で造ったスパークリングワインしか名乗れません。それはご存じですよね」

「それは聞いたことあります。少し話はそれますが、前から気になっていたことがあって、シャンペンって言うおじさんがいるじゃないですか。あれはどうしてなんですか？」

と高志さん。

「面白い質問ですね。シャンパーニュはフランス語でChampagneと書くのですが、これを英語読みで、シャンペンって発音するんですね。アメリカの映画なんかを見ていればわかるのですが、アメリカ人はシャンパーニュのことをシャンペンって呼んでいます。日本に欧米の文化が入ってくるときは、ほとんどがアメリカ経由です。それで年齢が上の日本人はシャンペンって言いがちです。あるいはシャンパンと呼ぶ人もいますが、それはシャンパーニュとシャンペンの間のような感覚でしょうか」

「なるほど。シャンペンはアメリカ人の英語の発音なんですね」と絵里子さん。

「はい。だから間違いというわけではないのですが、最近はシャンパーニュという風にフランス語読みをする人の方が多いですね。日本に入ってくる多くの欧米文化はアメリカ経由というのは、知っておいてもいい知識だと思います。さて、説明に戻りますと、高志さんが飲んでいるのはクレマンというスパークリングワインです。先日、私がビールの説明で瓶内二次発酵の話をしたのは覚えていますか？」

「はい。普通のビールは、発酵させて瓶の中に詰めた後に、二酸化炭素を足してから栓をしているんですよね。でも、バーレーワインみたいなビールは、瓶詰めするときに酵母も残してあるからその酵母が瓶の中でビールに残っている糖分を食べます。するとアルコールと自然な泡ができるので、しっかりした味わいで繊細な泡立ちになるんでした」

「さすがです。シャンパーニュも同じように、最初は白ワインを造ってから、それを瓶に詰めるんですね。そのときに糖分と酵母を一緒に入れるんです。その後、瓶の中で酵母が糖分を食べて発酵するので、繊細な泡ができるというわけです。シャンパーニュは瓶内二次発酵で造られているのです。そして、高志さんが飲んでいるクレマンも瓶内二次発酵で造られます。これはブルゴーニュ地方のクレマンなので、クレマン・ド・ブルゴーニュですが、ボルドー地方のクレマンはクレマン・ド・ボルドーと呼びますし、他にもロワールやアルザスにもクレマンはあります」

「ということは、瓶内二次発酵させずに、ビールみたいに後から炭酸ガスを足しているスパークリングワインもあるんですか？」と絵里子さん。

「素晴らしいご指摘ですね。もちろんそれがあるんです。その場合はフランスではヴァン・ムスーと呼びます。ムスーはフランス語で泡の意味なので、そのままスパークリングワインのことですね。さて、モエ・エ・シャンドンです。これは『モエ・アンペリアル』という、この造り手の一番有名な銘柄ですが、このシャンパーニュはスーパーにも売っているので見たことありますよね？」

「はい」と二人。

「モエ・エ・シャンドンは1743年にクロード・モエ家が創業した造り手です。ちなみにウエディングの風景として有名なあのシャンパンタワーはこの造り手の発明だそうです。さて、このモエ・エ・シャンドン社の中に『ドン・ペリニヨン』というブランドの高級シャンパーニュがあります。その昔、オーヴィレール修道院にドン・ペリニヨンというワインを担当する修道士がいました。このペリニヨンさん、偶然、瓶内二次発酵してしまったワインを見つけます。これが泡立ちがあって美味しかったんですね。シャンパーニュの発見です。この泡の立つ白ワイン、シャンパーニュは、宮廷や貴族たちの間で大人気になりました。ペリニヨンさんが亡くなると、1794年にモエ・エ・

シャンドン社が、このオーヴィレール修道院とブドウ畑を買い取ります。1930年、モエ社は『ドン・ペリニヨン』の商標権を獲得して、『ドン・ペリニヨン』というブランドが誕生しました。私たちが知っている高級シャンパーニュ、『ドン・ペリニヨン』がリリースされることになったというわけです」

「いつか飲んでみたいです」と高志さんが目を輝かせながら言った。

ヴィンテージって何？

「さて、ここでヴィンテージの話をします。ワインって先ほども説明したように、目の前でとれたブドウを使って、近くの醸造所で造っているんですね。例えば、この年はすごく猛暑だったとか、この年は雨がたくさん降ったとかで、ブドウって年によって出来が違いますよね。それがそのままその年のワインの味を左右してしまうんです。それで、ワインはボトルのラベルにブドウを収穫した年を記入することになりました。この収穫した年のことをヴィンテージといいます。消費者が購入するときに、『1989年のボルドーのブドウは良かったから最高のワインができたんだよな』って思いながら、1989年のワインを手に取ることができるというわけです。しかしシャンパーニュ地方はフランスの北部の寒い地域にあるので、収穫する年によっては上手く熟さないときもあるんですね。でも造り手側としては、毎年安定した味のシャンパーニュを供給したいじゃないですか。それで、いくつか別の年に収穫されたブドウのワインを混ぜて造ってもいます。それをノン・ヴィンテージと呼びます。略して『NV』と表記されることもあります。絵里子さんが今飲んでいるモエ・エ・シャンドンの『モエ・アンペリアル』もそのノン・ヴィンテージです。実際に流通しているシャンパーニュの8割がこんな風に別の年のワインを混ぜて安定した味にしているノン・ヴィンテージ・シャンパーニュです。そんなシャンパーニュ地方でも、天候に恵まれて、素晴らしいブドウが収穫できる年もあります。そんな年のブドウを使って造られたシャンパーニュは、その年を、例えば2013という風に記入して、売り出すわけです。そういう特別なヴィンテージがついたシャンパーニュをそれぞれの造り手が出しているわけですが、モエ・

エ・シャンドン社は、『ドン・ペリニヨン』というブランドで、ヴィンテージ付きのシャンパーニュをリリースしているというわけです。ですので、作柄が良くなかった年には『ドン・ペリニヨン』は造られません。この年のブドウは最高という自信があるときだけ造られます。だからどうしても値段が高くなってしまい、これをヴィンテージ・シャンパーニュと呼びます。ここまで一気に話しましたが、ついてこられていますか？」

「大丈夫です。すごく面白いです」と二人が答える。

「ネゴシアン」と「ドメーヌ」の違いとは

「では高志さんが飲んでいるクレマン・ド・ブルゴーニュの造り手、ルー・デュモンについても少し話します。このルー・デュモンは日本人の仲田晃司さんが設立したネゴシアンです。ネゴシアンとは何か説明します。ネゴシアンという言葉は、いろんな意味で使われますが、ブルゴーニュ地方では農家から買いつけたブドウを醸造して自社のラベルをつけて売る造り手のことを指します。要するに自社畑を持っていなくて、小さいブドウ農家さんからブドウを買い付けているわけです。一方、ドメーヌという言葉があります。英語だとドメインです。これは領主とか所有地を意味するのですが、自ら所有するブドウ畑で、ブドウの栽培からワインの醸造や瓶詰めまで全部をやっている生産者のことです。ちなみに、ボルドー地方ではシャトーという言葉がありますが、これはこのドメーヌと同じ意味です。自社畑を持っていて、ブドウ栽培から醸造、瓶詰めまで全部そのシャトーが行います」

「ということは仲田さんはブルゴーニュの小さい農家さんからブドウを買い付けて、仲田さんが醸造しているというわけですね」と絵里子さん。

「はいそうです。でも仲田さんは2008年にはジュヴレ・シャンベルタンという地区に念願だった自社畑を手に入れ、そこでブドウも栽培して、もちろん自分で醸造しています。このドメーヌとネゴシアンって、どっちが偉いとかそういうことではないのですが、よくワイン通の間で、『これはドメーヌものだ』っていう風に話題になる言葉なんですね。だからまあ一応、意味は知っておいてください」

ワインの色はどうやって決まる？

「さて、お二人の目の前にあるワインは白とロゼですよね。今からワインの色について説明いたします。ワインに使われるブドウには、白ブドウと黒ブドウの2種類がありま す。白ブドウにはシャルドネやリースリングという品種があります。マスカットみたいなブドウを想像してください。マスカットは皮の色が薄黄緑色で、中の食べる実の部分は透明がかった薄黄緑色ですよね。シャルドネやリースリングもそんなブドウです。黒ブドウにはカベルネ・ソーヴィニヨンやピノ・ノワールという品種があります。巨峰みたいなブドウを想像してください。巨峰は皮の部分は黒いですが、中の食べる実の部分は透明がかった薄黄緑色です。カベルネ・ソーヴィニヨンやピノ・ノワールもそんなブドウです。シャルドネという白ブドウを搾ると、黄緑がかった透明のジュースができます。このジュースに酵母を入れて発酵させると白ワインになります。これが一般的な白ワインの造り方です。ピノ・ノワールという黒ブドウを搾ってジュースを作って、そのジュースの中にこの黒ブドウの皮や果肉や種も全部一緒に漬け込んで、そこに酵母を入れて発酵させると赤ワインになります。黒ブドウの皮の部分の色がジュースに溶け込んで、赤色になるんです。この皮から渋味の成分であるタンニンが出てくるのでしっかりとした味わいになります。このピノ・ノワールという黒ブドウを使って、実は白ワインもできるんです。ピノ・ノワールって中の実は透明がかった薄黄緑色ですよね。このブドウを搾るときに皮の色素を出さない

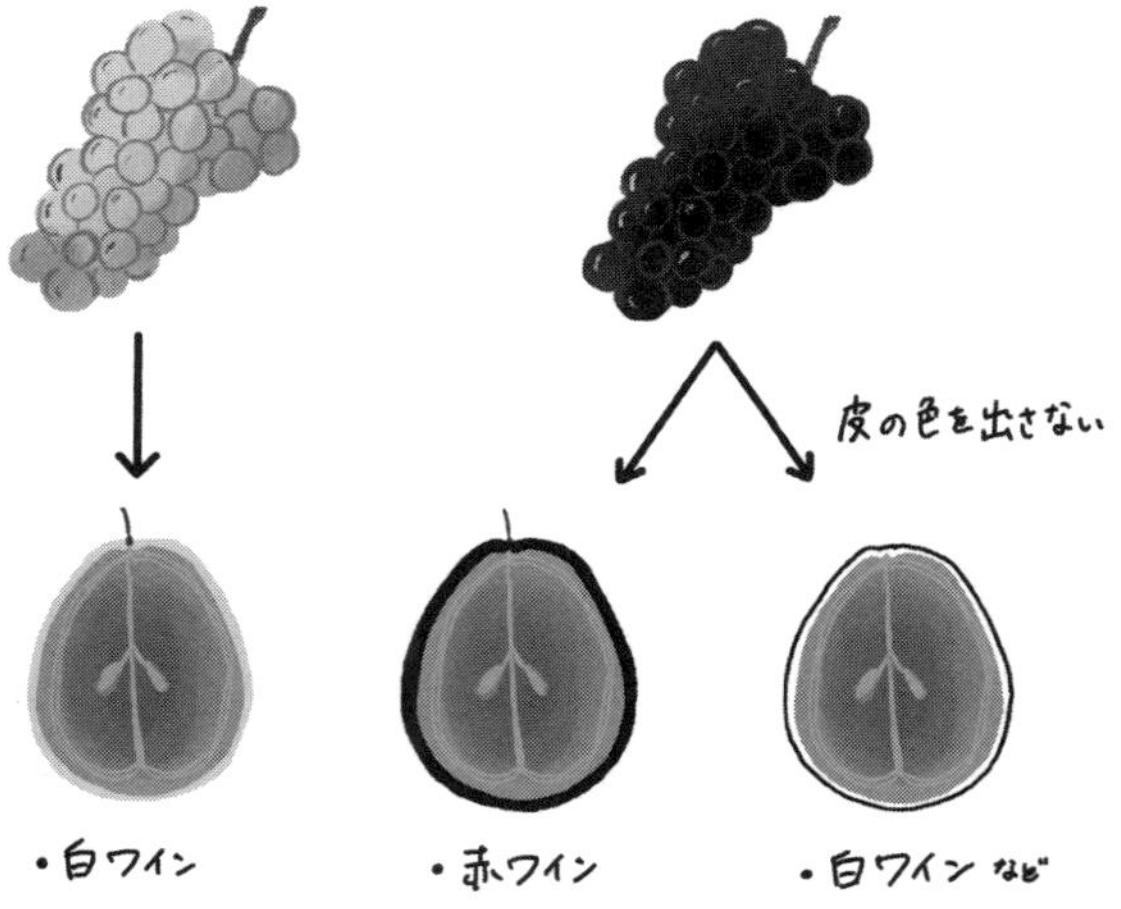

ように注意して圧搾すると、黄緑がかった透明のジュースができるんです。このジュースに酵母を入れて発酵させると、普通は赤ワインにするような黒ブドウのピノ・ノワールから白ワインができるというわけです。ここまで、白ワインと赤ワインの造り方はわかりましたか？」

「はい。マスカットみたいな白ブドウを搾ると透明っぽいジュースができて、それに酵母を入れると白ワインになるんですよね。巨峰みたいな黒ブドウを搾って、そのジュースに皮や種も一緒に漬け込むと、皮の色がにじみ出て、そこに酵母を入れると赤ワインになります。同じ黒ブドウでも、注意深く搾ったら、透明っぽいジュースができるので、それに酵母を入れると白ワインになります」と絵里子さん。

「その通りです。では、ロゼワインの造り方です。黒ブドウを圧搾したときに、皮の黒い部分の色が少しにじみ出てピンク色のジュースになります。それに酵母を入れるとロゼワインになるんです。あるいは、黒ブドウを搾って、皮や種も一緒に入れて、例えば10時間くらい置いて、ほどよいピンク色になったら、皮や種を引き上げます。そこに酵母を入れて発酵させるとロゼワインになるんです。今、絵里子さんが飲んでいるシャンパーニュは白ですが、シャルドネという白ブドウと、ピノ・ムニエという黒ブドウと、ピノ・ノワールという黒ブドウの3種類のブドウ品種から造られた白のシャンパーニュというわけです。高志さんが飲んでいるクレマン・ド・ブルゴーニュはピノ・ノワールという黒ブドウ100％で造られたロゼのスパークリングワインとなります。難しかったですか？」

「大丈夫です」と二人。

「オレンジワイン」って何？

「さて最近はここにオレンジワインと呼ばれる四つ目の色のワインがよく造られるようになりました」

「オレンジワイン？　オレンジが入ったワインですか？」と高志さん。

「よくそう言われるのですが違います。白ブドウで造ったオレンジ色のワインなんです。白ブドウを搾って、その皮と果実と種も一緒に漬け込みます。要するに赤ワインと同じ造り方です。すると、皮の色がにじみ出てきて、ジュースがオレンジ色になるんですね。そこに酵母を入れて発酵させるとオレンジ色のワインが出来上がるというわけなんです。このワインは、赤ワイン同様に皮のタンニンがでてきて、しっかりとしたボディのワインになります」

「へええ」と二人。

「このワイン、実は元々はジョージアでよく造られていたワインなんです。ジョージアではクヴェヴリという大きな甕《かめ》を地中に埋めてブドウをアルコール発酵させることで、安定した温度の中でワインを醸造していたんですね。ちなみにこのクヴェヴリを使ったワインの造り方は２０１３年にユネスコ無形文化遺産に指定されています。このオレンジワインは長い歴史の中、国際市場では注目されないままひっそりと消えそうになっていました。しかし１９９０年代後半、ナチュラルワインの造り手がこのオレンジワインに注目したことで世界中に知れ渡ることになります。普通に造った白ワインはブドウの皮からくるタンニンがほとんど含まれていませんよね。タンニンって、酸化防止剤の役割もあるんです。だから、普通に白ワインを造ると、どうしても酸化防止剤の亜硫酸をたくさん投入しなければなりません。でもこのオレンジワインだと、ブドウの皮も一緒に漬け込むことでタンニンがたっぷり入ったワインになるので、亜硫酸の添加を抑えたワイン造りが可能なんです。今では、この白ブドウを使ったオレンジワインは、ジョージア以外のフランスやイタリア、そして日本でも造られるようになりました。このワインを以前はアンバーワイン、琥珀色をしたワインと呼んでいました。しかし、めざといイギリス人がこのワインをオレンジワインと名付けました。アンバーワインよりもキャッチーですよね。白ワインと赤ワインとロゼワインの次の四つ目の色、オレンジ色のワインだよ、って説明できますしね。さらにこのオレンジワインに追い風がありました。インド料理や韓国料理のようなスパイスや唐辛子のきいた料理は、今まではワインには合いにくいと言われていました。しかし、そんな料理にこのオレンジワインはすごく合わせやすいんです。近年はインド料理も韓国料理も全世界のテーブルでもてはやされていますよね。そんななか、スパイスや唐辛子を使った料理にはオレンジワインというイメージが広がり、さらにこのオレンジワインは大人気となりました。今はもう完全に四つ目の色のワインとして定着しましたね。実は、この四つの色のワイン以外にも、緑ワイン、黄色ワイン、黒ワインと呼ばれるワインが存在します」

「え？　まだあるんですか？」と高志さん。

「はい。緑ワインは、ポルトガル生まれのヴィーニョ・ヴェルデです。ポルトガル語でヴィーニョがワイン、ヴェルデは緑色のことです。普通のワインではブドウが完熟してから収穫しますが、このワインのブドウは完熟手前で収穫します。『まだまだ未熟な若いブドウ』の意味で緑なんです。そんな若いブドウだと発酵途中で気泡がワインに残りやすいんですね。それで微発泡でフレッシュな味わいになっていて、その印象も若々しい緑のイメージでもあるようです。黄色ワインはヴァン・ジョーヌと呼ばれています。ジョーヌはフランス語で黄色という意味です。このワインは見た目が普通の白ワインよりかなり黄色がかっています。ワインって酸化してしまうので普通は空気には触れさせないのですが、このワインは木樽に入れ、あえて空気に触れさせます。すると、酵母の働きでワインの表面に膜ができて、ゆっくり熟成するんです。この膜をワインの花と呼んで、ナッツやクルミのような香ばしい香りのするヴァン・ジョーヌができます。黒ワインはカオールです。フランスの南西地方で作られるマルベックという黒ブドウで造られたワインです。黒ワインと呼ばれる理由は、かなり黒に近い濃厚な赤ワインだからです。これらのワインはそれぞれ固定ファンはいるのですが、五つ目の色や六つ目の色にはならなそうです。オレンジワインは本当に、オレンジという色のネーミングとタイミングが良かったのでしょうね。ワインの人気もやっぱり歴史や流行に左右されるんです。ここまでいかがでしたか？」

「すごく面白いです。歴史と味がからんでいくのって、ワクワクしますね」と絵里子さんが笑った。

テイスティングって何のためにするの？

「さて、次のワインにいきましょうか」と言いながら、私はあるワインをセラーから取りだし、コルクを抜き、私の手元のテイスティンググラスに少し注ぎ、香りをとってみた。ブショネだ。これは二人にとって良い体験になるかもしれないと思い、二つのグラスに注ぎ、二人の前に出し、こう告げた。

「このワイン、ちょっと飲んでみませんか」

二人はグラスに手を取り、色を見て、香りをとると、絵里子さんが、「あれ？　これって」とつぶやくと、私の方を見た。

私がうなずくと、「やっぱり」と絵里子さんが微笑んだ。

高志さんは、ワインの香りをとると、「うーん。なんだろう。さっきのクレマンみたいな華やかな香りがしないですね。飲んでみますね。うーん。これ、ワインなんですよね。なんかなんでもない味がしますが」と表現した。

「絵里子さんはさすがに気づいたようですね。高志さんも、これはちょっと変だと感じたのではないでしょうか。これはブショネといいます」

「やっぱりそうですよね」と絵里子さん。

「え？　何それ？」と高志さんが不思議そうな顔をした。

「説明いたします。ワインのコルクのことをフランス語でブションって言うんですね。

このコルクに元から細菌が入り込んでいる場合があるんです。その細菌がワインの中に入ってしまって、こんな風なちょっと変な香りがする劣化したワインがたまに出てくるんですよ。この品質が劣化する現象のことをブショネといいます。ブショネのワインは傷んでいるので、飲食店のスタッフに『これ、傷んでいるようですが』と伝えると、スタッフがチェックして交換してくれます。私も本来なら、こんな風にワインがブショネであれば、お客さまにはお出ししないのですが、これは良い機会だと思い、お二人に出してみました。絵里子さん、どんな香りがしますか？」

「うーん、要するにかび臭いのかなあ。ブショネの香りはよく、濡れた段ボールの臭いって言われますが、割り箸とかカマンベールの外側みたいな臭いもしますよね」

「はい。さすがですね。ブショネになってしまうと、ワイン独特の華やかな香りが一切なくなってしまって、濡れた段ボールみたいな香りがします。ワインの味わいの方も雑味が多くて平たんなものになります。さて高志さん、ここからが高志さんが先日から知りたかったことになります。以前、絵里子さんとレストランに行って、ワインのテイスティングをされましたよね。そのとき、ソムリエさんがグラスに少しだけワインを注いで高志さんにテイスティングをお願いしたのは、このブショネのワインのように、ワインが傷んでいないかどうかをチェックしてもらいたかったんです。ワインのテイスティングは、そのワインが美味しいかどうか、あるいは好みのワインなのかどうか、あるいは想像していたワインなのかどうかをチェックしてもらうためではないんです。そのワインが傷んでいるかどうかをチェックしてもらっているんです。だから、たまにワインのテイスティングのときに、『草原の風が』とか『シナモン系のスパイスの香りが』とかって言うべきなのではって思っている人もいますが、それは間違いです。テイスティングのときは、こんな風なブショネのワインが出てきたら、『これは傷んでいるようなので替えてください』とソムリエに伝えるか、あるいは問題ないワインでしたら『大丈夫です。お願いします』と言うべきなんです」

「あああ。そうだったんですね。じゃあ別に気が利いた感想なんて言わなくていいし、好みじゃないから替えてとかっていうのもナシなんですね」

「はい。もし高志さんがソムリエに『好みじゃないから替えてください』って伝えたとしたら、もちろん別の銘柄のワインに替えてはくれますが、テイスティングで開けたワインの代金は支払わなくてはいけないですよ」

「え？　そうなんですか？」

「もちろんです。例えば、高志さんが居酒屋でサラダを注文したとして、ひとくち食べて、『このサラダ、好みじゃないから替えてください』って言ったとしたら、居酒屋側は、『じゃあ別のサラダにしますか？』とか答えながら替えてくれるとは思いますが、その前のサラダの金額はいただきますよね。そういうことです。でも、サラダに髪の毛が入っていたら、『これ替えてください』って伝えれば、無料で新しいサラダにしてもらえますよね。ブショネのワインはそういうことなんです。『このワイン傷んでいます』って伝えたら、新しく同じ銘柄のワインを開けてくれます」

「そうかあ。テイスティングってそういう意味だったんですね。じゃあ僕はそこまではわからないから、飲んでみて別に変じゃなければ、『大丈夫です』って答えればいいんですね」

「そうなりますね。ブショネの確率は5％と言われています。でもまあほとんどの場合、そういう味のワインなのかなと思って飲んでしまうので、返品率はもっともっと低くなっているんです。ワインの生産者側も販売者側も、本当は傷んでいたワインを、そういうものだと思って飲まれるのは正直嫌ではあります。最近はコルクを使うのをやめてスクリューキャップや合成コルクやガラス栓にするワイナリーも増えています。ニュージーランドでは、ボトルワインの99％がスクリューキャップだとも言われています。このように、コルクじゃなくてスクリューキャップだからと言って、安いワインというわけでもないんです」

「スクリューキャップだとついつい安物って思っちゃっていましたが、違うんですね。勉強になりました」と絵里子さん。

「ボルドーワイン」と格付け

「それでは次のワインにいきましょうか」と私は言いながら、2種類のボトルを開けて、グラスに注ぎ、二人の前に出した。

「絵里子さんの方が『ル・マルキ・ド・カロン・セギュール』で、高志さんの方がルイ・ジャドの『シャブリプルミエ・クリュ フルショーム』です」

「ああ、これカロン・セギュールのセカンドですね。いつかレストランでカロン・セギュールを飲むのが夢なんです」

そう言うと、絵里子さんはワインを口に含んだ。

「うわあ、さすがいい香り。タンニンもなめらかで美味しいです」

「え？　絵里子、なんかいろんなこと知っているね。さすがだ。あれ？　マスター、これってシャブリなんですか？　僕、飲んだことありますよ」

今度は高志さんが飲んだ。

「あ、でも知っているシャブリとは違う香り。すごい

です。飲み口もしっとりしていて美味しい」

「シャブリは飲んだことがおありでしたか。高志さん、これはシャブリでもプルミエ・クリュという高級な畑のシャブリなんです。美味しいですよね。じゃあこのワインについては後でゆっくり説明するとして、まずカロン・セギュールの方から説明します」

「お願いします」と二人。

「まずこれは、フランス、ボルドー地方のサンテステフという場所にあるシャトーのワインなのですが、高志さん、ボルドーって言葉、知っていますよね」

「もちろんです」

「たぶん、世界中の人が、高い赤ワインとか美味しい赤ワインっていうと、まずボルドー産のワインのことを連想すると思います。そうなるには長い歴史がありまして、中世の一時期、ボルドーのあたりは、イギリス領だったんですね。イギリスは先ほども言ったように、寒いのでワインが造られていません」

私はヨーロッパのワインの産地が描かれた地図をカウンターの上に広げた。

「ボルドーがある場所を見ていただけますでしょうか。ボルドー地方はフランスの南西部にあり、大西洋に面しているんです。このエリアには川が3本流れていまして、ここで造られたワインがこの川を下って、港からイギリスへと船で運ばれ、イギリスでボルドーワインがたくさん飲まれるようになりました。こういう流通や港が発達することによって、その地域の酒が他国でたくさん飲まれることって歴史上よくあります。その後、当時、東インド会社等で海外貿易を成功させていたオランダ商人たちがこのボルドーワインに目をつけます。彼らはボルドーに灌漑《かんがい》技術を伝え、ワインを大量生産できるようにしました。裕福な貴族た

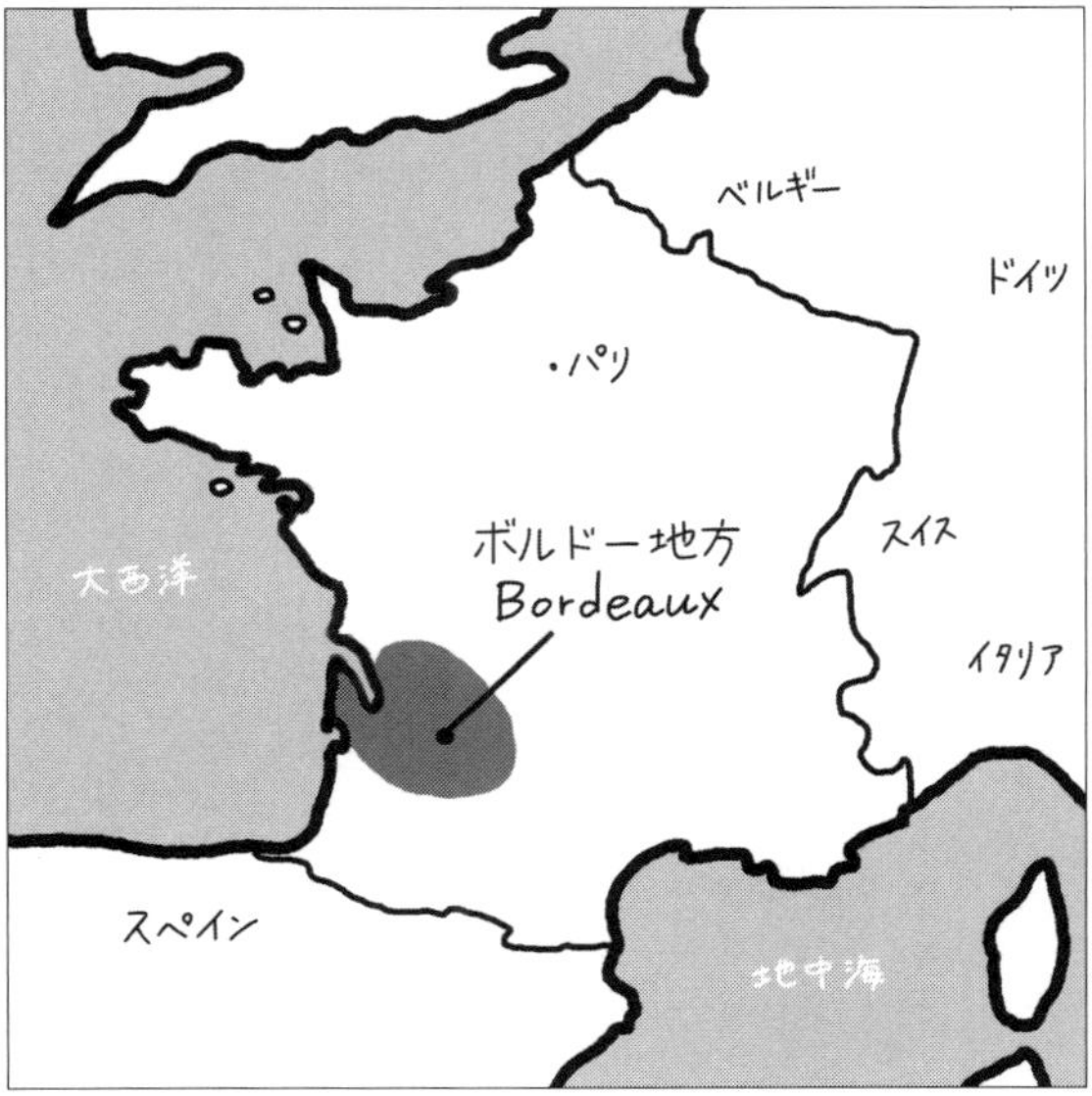

ちはボルドーに集まり、ワインビジネスを始めるようになります。ボルドーの生産者にお城を意味するシャトーとつく名前が多いのは、彼ら貴族や名家の館の周りでワイン造りが発展してきた証拠です。これらのボルドーワインは、ヨーロッパ中へと輸出されることになり、各地の王侯貴族たちに愛されるようになりました。1801年にアメリカの第3代大統領になったトーマス・ジェファーソンも、ボルドーワインにはまったひとりとして有名です。そんな風に世界中にボルドーワイン愛好家が増えていた1855年のこと。第1回パリ万国博覧会に合わせて、ナポレオン3世が、メドックという地区のシャトーの格付けを行いました」

「格付けって何ですか？」と高志さん。

「ボルドー地方にはたくさんのシャトーがあるんですね。その中でもメドック地区のワインが当時から世界中で人気があったのですが、そのメドックの中の61のシャトーを第1級から第5級までランク付けしたんです。ナポレオン3世はイギリス暮らしが長かったので、ボルドーワインを好んで飲んでいたんですね。そのボルドーワインをパリ万博のときにランクを付けて紹介すれば、全世界にフランス、ボルドーのワインの偉大さが伝わると目論んだのです。フランス人のブランドを作る上手さが表れていますよね。このとき、第1級に選ばれたのは、四つのシャトーでした。そして、シャトー名をそのままワイン名にしています。『シャトー・ラフィット・ロートシルト』は、最も有名なフランスの赤ワインのひとつです。先ほど言いました、第3代アメリカ大統領のトーマス・ジェファーソンがラフィット好きだったこともあり、アメリカでは日本人にとっての『ロマネ・コンティ』くらい有名なワインです。『シャトー・マルゴー』も多くの有名人が愛しました。作家へミングウェイが孫娘に、『シャトー・マルゴーのようにエレガントで華麗な女性になるように』と願って、マルゴーと名付けたことは有名ですし、ドイツの思想家で共産主義者のエンゲルスは、実はお金持ちの家の生まれでマルゴーが大好きだったらしく、『あなたにとっての幸せとは？』と聞かれたとき、『シャトー・マルゴー1848年』と答えた逸話も残っています。『シャトー・ラトゥール』は力強く、荘厳で、世界で最も凝縮感のあるフルボディなワインのひとつと言われています。ある意味、一番ボルドーの赤ワインらしいイメージですね。そして四つ目のシャトーが造る『シャトー・オー・ブリオン』は、唯一メドック地区のワインではなく、グラーブ地区のワインです。オー・ブリオンは当時すでにヨーロッパ全土で名声を得ていたので、例外的に第1級として選ばれました。高志さん、ウィーン会議は知っていますか？」

「はい。フランス革命とナポレオン戦争後に、ヨーロッパの秩序を回復しようと、1814年に開かれた会議ですよね。『会議は踊る』で有名な」

「当時のフランスは国の崩壊の危機にありましたが、外相タレーランが、各国代表に豪華な料理と、この『シャトー・オー・ブリオン』を出したんです。これでヨーロッパの各国代表も態度を軟化させて、フランスは敗戦国でありながら領土をほとんど失うこともなく乗り切ることができたとも言われています。オー・ブリオンはフランスの救世主でもあったのです。以前からヨーロッパでは、特別なときにどんなワインを出すのかというのが最重要問題でもあったんです。特に美味しいワインを用意して歓迎することで、そのワインの名前も全世界に広がっていったというわけです。メドック格付けは170年近くたつ今もほとんど変わらないのですが、1973年に大きな事件がありました。1855年当時、第2級だったシャトー・ムートン・ロートシルトが、第1級に昇格したんです。先ほどからロートシルトと言っているのはロスチャイルド家のことなのですが、イギリスのロスチャイルド家が1853年にこのシャトー・ムートンを買収したんですね。このムートン、パリ万博のときには必ず第1級になると言われていたのですが、第2級だったたんです。理由は格付けの直前にイギリス人の所有になったからだと言われています。その後、当時のムートンのオーナー、フィリップ男爵はこのワインを徹底的に改善し、政治家へのロビー活動を行い、ついに1973年に第1級に昇格することになったんです。このムートンのラベルは毎年有名画家に依頼して描かれることで有名なんですね。ミロやシャガールやダリ、キース・ヘリングやアンディ・ウォーホルなんかが描いているのですが、この記念すべき1973年のラベルはピカソが描いたことで有名です」

ボトルの形でワインの味がわかる！

「さて絵里子さん、ボルドー産のワインはどういうブドウの品種が使われるかご存じですよね」

「はい。カベルネ・ソーヴィニヨンとメルローとカベルネ・フランです」

「さすがです。もちろんボルドーで造られるワインに使われるブドウ品種は他にもいくつかありますが、だいたいこの3種類のブドウをブレンドして造っていると考えてください。メドックのワインの多くはカベルネ・ソーヴィニヨンが主体です。この品種はタンニンが豊富で濃厚でしっかりとした味をしています。メルローはきめ細やかなタンニンがあり、まろやかでふくよかな味わいがあります。カベルネ・フランはしなやかな渋みがあり、さくらんぼのような香りとピーマンのような青い香りもします。シャトーによってこの比率が違うのですが、オー・ブリオンはカベルネ・ソーヴィニヨンの比率が小さくなり、メルローの比率が大きいです。一度、ボトルを見てもらえますか。こちらのボルドーの方はボトルの形がいかり肩で、ブルゴーニュの方はボトルがなで肩ですよね。ボルドーのワインはタンニンが多く、フルボディと言われるタイプです。そういうワインは20年、30年と寝かせて、熟成させてから飲むとすごく美味しいんですね。でも、その手のワインは熟成すると、タンニンが結晶になった澱《おり》というものがたくさんできるんですね。このボルドーのボトルは、ワインをグラスに注ぐとき、肩の部分でその澱がとどまるように設計されているんです。一方ブルゴーニュのワインはそんなにフルボディではないため、澱があまりできません。それでこんな風になで肩になっているというわけです」

「ということは、他の国のワインでも、このボルドーと同じいかり肩のボトルを見たら、フルボディで熟成させて澱がたくさん出るタイプで、このブルゴーニュと同じなで肩のボトルを見たら、澱があまりできない軽いタイプと思っていいんですか？」と高志さん。

「その通りです。もちろん何にでも例外はありますが、ボトルの形を見て、中のワインが重たいのかどうか判断する基準にはなりますね」

「セカンドワイン」って何？

「さて、やっと今お二人の目の前にあるワインのことをお話しします。この『ル・マルキ・ド・カロン・セギュール』ですが、これはシャトー・カロン・セギュールのセカンドワイン、またはセカンドラベルとも呼びます。ボルドーのシャトーって、すごく畑が広くてブドウの生産量が多いんですね。年によって、すごく美味しいブドウができることもあれば、そうでもないこともあります。あるいはブドウの木って寿命は50年くらいでして、もうダメかなっていうお年寄りの木になると、植え替えるんです。若い頃のブドウの木でできるブドウは、実はそんなに美味しくないんですね。ブドウの木は年をとるほど美味しいブドウができるんです。だからすごく良いシャトーの良い条件の畑でも、若い木だとまだブドウが美味しくないことがあります。そういう、すごく高級なシャトーの畑のブドウなのに、そのシャトーの水準を満たしていないブドウってあるんですね。だからと言って、他の安いボルドーのワインと比べたら十分美味しいワインは造れるので、そういうワインをセカンドワインとして名前を別のものにして、そのシャトーがリリースしているというわけです。この『ル・マルキ・ド・カロン・セギュール』は、シャトー・カロン・セギュールのワインと同じ区域の畑でとれたブドウだから、本当は別に『シャトー・カロン・セギュール』という名前で出してもいいんです。でも、こういう高級シャトーはブドウを選別して、すごく美味しいブドウだけをファーストラベルの『シャトー・カロン・セギュール』に回して、味がちょっと落ちる他のブドウはセカンドラベルのワインとすることで、少し安く有名シャトーの味が楽しめるという風に売り出しているというわけです。だからセカンドワインは決して傷物とかB級品というわけではなく、サービス価格版ととらえるといいと私は思います」

「なるほど」と二人。

「さてこのカロン・セギュールですが、ラベルにハートのマークがありますよね」

「はい。気になっていました。なんかバレンタインデーとかに使えそうです」と高志さんが嬉しそうに言った。

「あはは。実際最近は、バレンタインデーにこのワインをプレゼントしたり、レストランでこのワインを開けたりするのが流行っているようですが、元々のこのラベルにこめられた意味は違います。先ほどお話ししたメドックの格付けですが、このシャトー・カロン・セギュールは第3級なんですね」

「おおお！　第3級ですか。結構上のランキングな気もしますが」

「はい。すごくたくさんあるボルドーのシャトーの中ではそうとう上のクラスです。でもこのシャトー・カロン・セギュールを18世紀に所有していたセギュール侯爵ニコラ・アレクサンドルという人は、このカロン・セギュール以外に、シャトー・ラフィット・ロートシルトやシャトー・ラトゥールも所有していたんです」

「おっと。第1級の二つのシャトーも持っていたんですか。すごいですね」と高志さん。

「はい。でもその彼が『われラトゥール、ラフィットを造りしが、わが心カロンにあり』と言って、その深い愛情をハートのラベルにこめたというわけなんです。これは、ラトゥールやラフィットも持っているけど、自分の心はカロンだよ、という意味なんです」

「なるほど。ワインに対して、『僕の心は君だけだよ』みたいに恋心を表しているってことなんですね」と高志さん。

「そうなんです。ワインがいかに当時から人々に特別扱いされていたかがわかりますよね」

「ボジョレー・ヌーボー」はなぜ人気？

「では、高志さんもこのワイン飲んでみますか？」

「待ってました」

高志さんはゆっくりとワインを飲んだ。

「うわあ。美味しいです。ボルドーワインって美味しいですね」

「そうなんですよね。ボルドーの高いワインって、やっぱり美味しいって感じます。そういう風に全世界、どの時代の人も美味しく感じるようなワインなんです。次は高志さんが飲んでいるシャブリについて説明します。ちょっと地図を見ていただけますか。ブルゴーニュという地方がフランスの内陸部の東の方にあります。その一番北の方にシャブリ地区があって、その南に『ロマネ・コンティ』とか『ジュヴレ・シャンベルタン』とかが造られているコート・ド・ニュイ地区があって、一番南にボジョレー地区があります」

「お！　ボジョレー、知っていますよ。ヌーボーですよね。僕、母がバブル世代なんでヌーボーの解禁日は今でも毎年近所のスーパーで買ってくるんです。飲みやすいですよね」

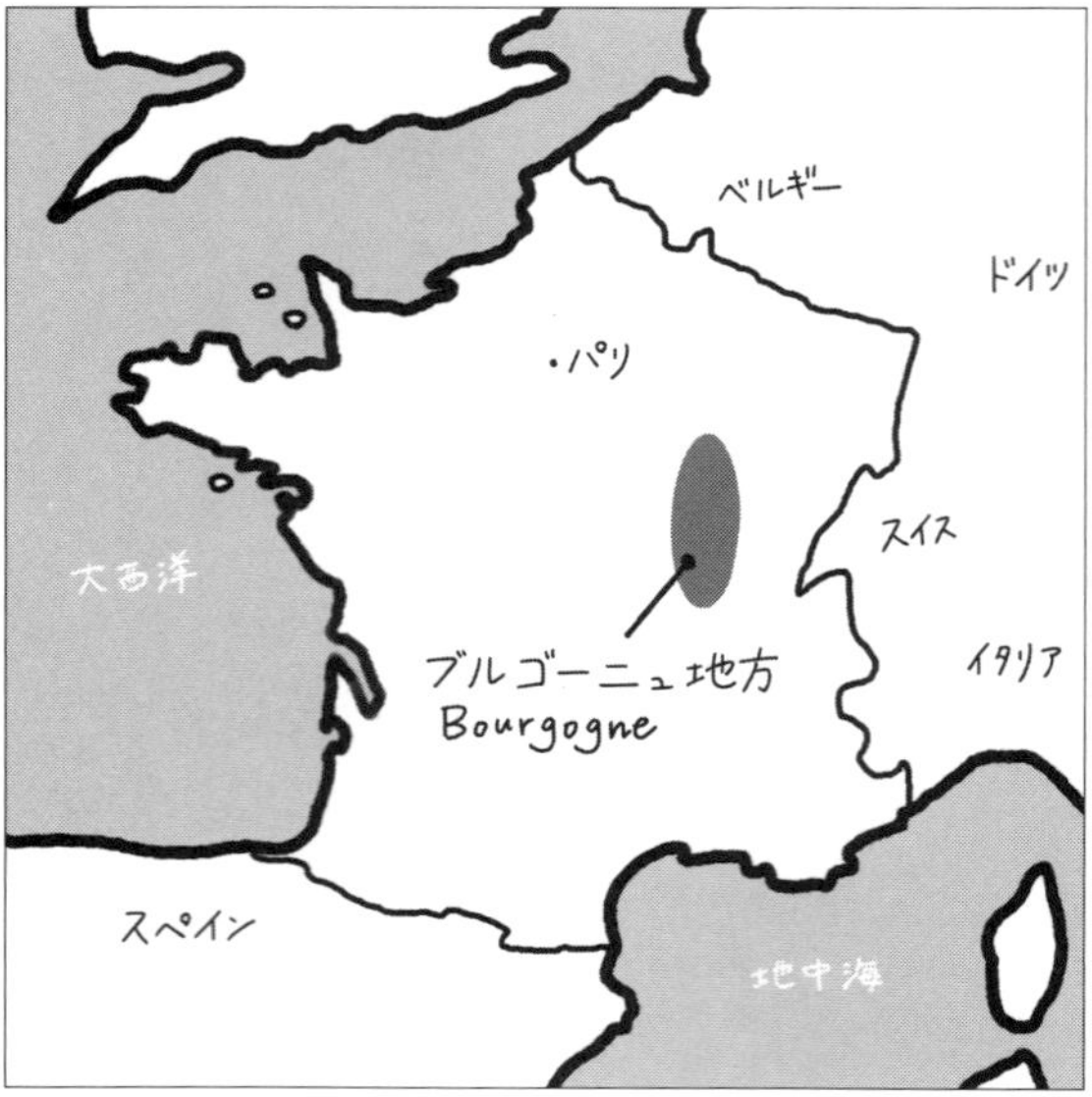

「そうですよね。その話はまた後でゆっくりしましょうか。さて、ボルドーとブルゴーニュのワインの違いがいくつかあります。先ほどお伝えしたように、ボルドー地方の赤ワインはカベルネ・ソーヴィニヨンやメルローのようなフルボディになるブドウをブレンドして造ったワインですが、ブルゴーニュ地方の赤ワインはピノ・ノワールという品種だけで造られています。ブルゴーニュの白ワインも、このシャブリもそうですが、シャルドネという品種だけで造られています。1789年にフランス革命がありました。貴族や教会の資産は没取され、所有していたブドウ畑は競売にかけられました。ボルドー地方の場合は、貴族たちが土地を買い戻して、大きなシャトーは維持されたのですが、ブルゴーニュ地方では国が畑を細分化して、農家にわけあたえたんです。だからブルゴーニュはひとつの有名な畑をたくさんのドメーヌ、造り手が所有しているんです。ボルドーの方は、シャトー、造り手が格付けされていましたよね。一方で、ブルゴーニュの方は、畑が格付けされているんです」

私は引き出しの中から1枚の紙を取り出し、カウンターの上に置いた。

「この図を見てください。一番上が特級畑で、その次が1級畑、村名クラスと地方名となります。今、高志さんが飲んでいるワインは、ブルゴーニュという地方のシャブリという村のフルショームという1級畑のワインになります。このワインは、1級畑のフルショームという名前を名乗れるんです。特別な畑でなくて、でもシャブリ村で造っている白ワインだとシャブリと名乗れます。シャブリって結構広いですから、いろんなシャブリがあるわけです。そしてそれよりも下の格が、ブルゴーニュという地方名です。ブルゴーニュはもっともっと広いですから、いろんなカジュアルなワインがあるというわけです。そしてこのフルショー

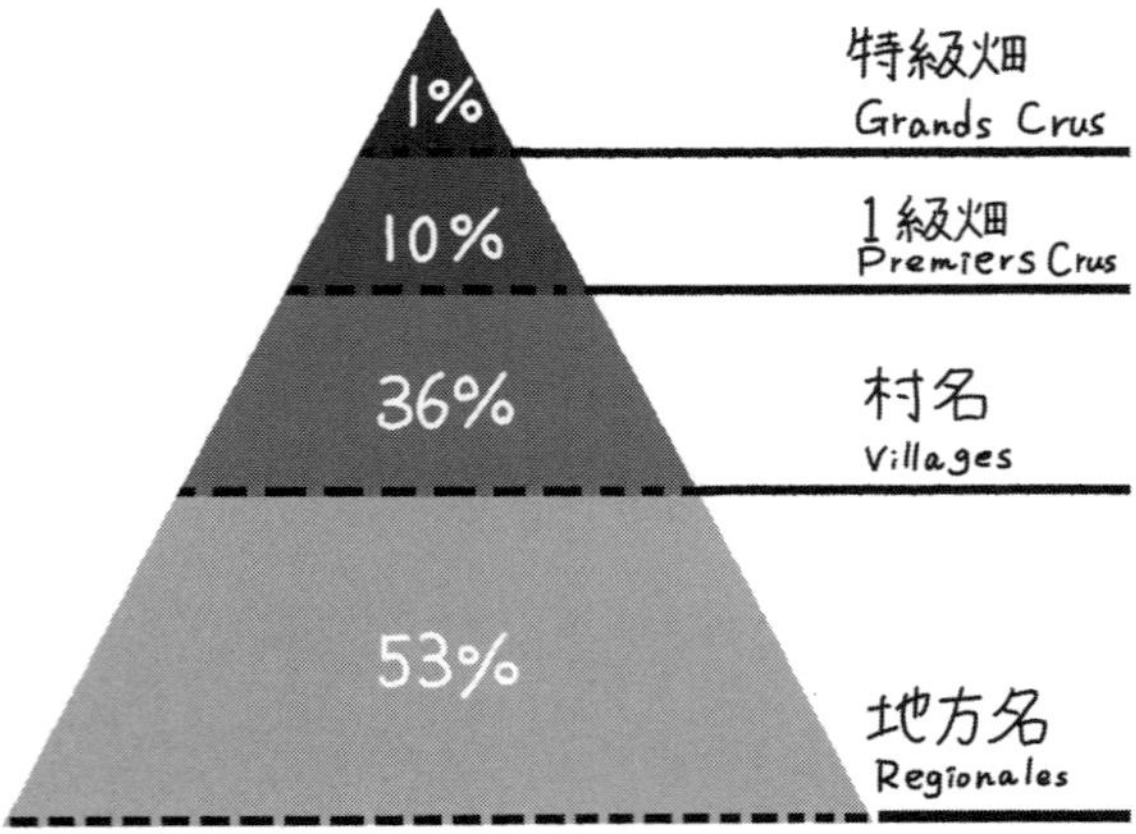

ムという1級畑はいろんなドメーヌが所有しています。今、高志さんが飲んでいるのは、ルイ・ジャドというドメーヌが持っている畑のシャルドネというわけです。このフルショームという畑は特級よりは落ちますが、シャブリ村の中ではそうとう格が上の畑なので、他のシャブリしか名乗れないワインより、果実味がしっかりとした白ワインですよね」

「なるほど。東京ワインっていう地域名のワインよりも、渋谷区ワインっていう方が高級だし、渋谷宇田川畑ワインっていう方がもっともっと高級っていうわけですね」

「そういうわけです。同じように、ヴォーヌ・ロマネ村という村があって、そこにロマネ・コンティという特級畑があります。そのロマネ・コンティという畑のドメーヌは、ピノ・ノワールという品種だけで赤ワインを造っています。例えばヴォーヌ・ロマネ村にはエシェゾーという特級畑があるのですが、この畑もいろんなドメーヌが持っているんですね。畑は同じで、みんなピノ・ノワールという品種だけで赤ワインを造っているのですが、造り手によって味が違い、値段や評価も違います。ブルゴーニュには小さくて優良な生産者がたくさんいるので、その違いを楽しみながら飲むのが面白いというわけです。北のシャブリ村ではシャルドネを使った白ワインが、その少し南のジュヴレ・シャンベルタン村やシャンボール・ミュジニー村ではピノ・ノワールを使った赤ワインが造られていて、さらにもう少し南では赤ワインも造られていますが、ムルソー村やシャサーニュ・モンラッシェ村はシャルドネでしっかりした白ワインが造られていることで有名です」

「そのあたりの白ワイン、お高いですよね」と絵里子さん。

「はい。高級なシャルドネの白ワインといえば、この地域ですね。さて、ブルゴーニュには一番南にボジョレーという地区があります。ここではピノ・ノワールではなくガメイという黒ブドウの品種で赤ワインを造っているんですね。このボジョレーでも、村名クラスというのがあります。ブルゴーニュの北の方のような畑名のクラスはないのですが、モルゴンとかムーラン・ナ・ヴァンといった日本でも人気があるガメイから造られた村名クラスワインがあるというわけです。そして高志さんが先ほど言っていたボジョレー・ヌーボーです。ヌーボーはフランス語でニュー、新しいという意味なのですが、その年の新酒ということなんです。つまり、ボジョレー地区で、その年に収穫されたガメイ種のブドウから造られる新酒のことをボジョレー・ヌーボーと呼ぶのです。ワインはその年の天気によって味が違うので、その年は良い出来だったかどうかというのを調べるために、ワイン関係者だけに向けて特別な方法で大急ぎでワインを醸造していたんですね。もちろんフランスのボジョレー以外でも新酒は造っています。イタリアでも日本でも造っています。でもこのボジョレーのヌーボーは昔から美味しいと有名でした。ボジョレー・ヌーボーの解禁日は11月の第3木曜日とフランスの法律で決まっていまして、日本は日付変更線の関係上、本場フランスよりも約8時間早くこのワインを抜栓して飲むことができるんです。日本人って初物が好きですよね。江戸時代も関西の廻船《かいせん》問屋が新酒を積んで、江戸まで競って届けたそうなんですね。同じように、ボジョレー・ヌーボーも初物として売り出せば当たると目をつけた頭の良いビジネスマンがいたのでしょう。バブル期当時の日本で、水曜日の夜中の24時をこえたら、みんなでこのボジョレー・ヌーボーを開けて大騒ぎするというのが大流行しました。ヨーロッパのワインって普通は船便で2、3ヶ月かけて日本に届くんですね。でもボジョレー・ヌーボーの場合は早さが必要なので航空便で届くのです。だからボジョレー・ヌーボーは本来はもっと安いワインなのですが、航空便代として、日本では少し高めのワインになっています。今ではそんなにボジョレー・ヌーボーは騒がれなくなりましたが、高志さんのお母さんのように、このワインで赤ワインの味を覚えた人もいるわけだし、私はそういうお祭りみたいなものって、良いことだと思っています。消費が刺激されてお金が回るし、現地のボジョレーの農家の人たちもたくさん売れて嬉しいし、この時期の日本でワインを提供している飲食店も売り上げが上がりますからね」

「なるほど。僕の母が飲んでいたボジョレー・ヌーボーってそういうワインだったんですね。じゃあヌーボーじゃないボジョレーもいっぱいあるんですね」

「そういうわけです。是非いつか試してみてください。ボジョレー地区の美味しいガメイの赤ワインってイチゴのフレッシュな香りがして素晴らしいですよ」

「試してみたいです」と二人が言った。

ロバート・パーカーは最強のインフルエンサー？

次に、私はフランス、アルザス地方のマルセル・ダイスという造り手のリースリングと、シャプティエという造り手のエルミタージュをグラスに注ぎ、二人の前に出した。

「絵里子さんの方がアルザスのリースリングというブドウの品種で、高志さんの方がエルミタージュという場所の、シラーというブドウの品種で造ったワインです。とりあえずお飲みください」

「うわあ！　桃みたいな華やかな香りがします。うーん。美味しい」と絵里子さん。

「こっちも美味しいです。ボルドーもフルボディでしたけど、こっちもフルボディというかちょっとこってり感があって香りが個性的です」と高志さん。

「お二人ともコメントが素晴らしいですね。まず絵里子さんが飲んでいるのは、アルザスというフランスの一番東のドイツに面した地域のワインです。このボトル、先ほどのボルドーともブルゴーニュとも違いますよね。ドイツでも同じようなボトルが使われています。この地域はフランスとドイツが領土争いをした場所で、ドイツの影響が濃いところなんです。このリースリングという白ブドウ品種は白い花や洋ナシや白桃のような香りがします。甘口に造られる場合もありますが、このワインのようにさっぱり辛口の場合も多いです。高志さんが飲んでいる方はコート・デュ・ローヌというフランスの南の地方のワインです。この赤ワインはシラーというブドウの品種が使われています。シラーはこんな風にボディがしっかりとしていて、スパイスの香りが特徴的です。さて、この二つのワインには共通点が二つあります。高志さん、先日、酒には流行があるという話をしましたよね」

「はい。辛口ブームとか、健康的なイメージのブームとかいろいろありますよね」

「ワインって、元々は畑でとれたブドウをすぐ近くの醸造所でワインにして、周辺で飲まれるだけの特産物だったのですが、王侯貴族が評価の高いワインを争って欲しがったり、格付けがされたり、日本のボジョレー・ヌーボーのように初物としてお祭りになったり、何度も何度もいろんな流行にさらされます。この二つのワインは、ロバート・パーカーというアメリカのワイン評論家が絶賛したことで世界的に有名になりました」

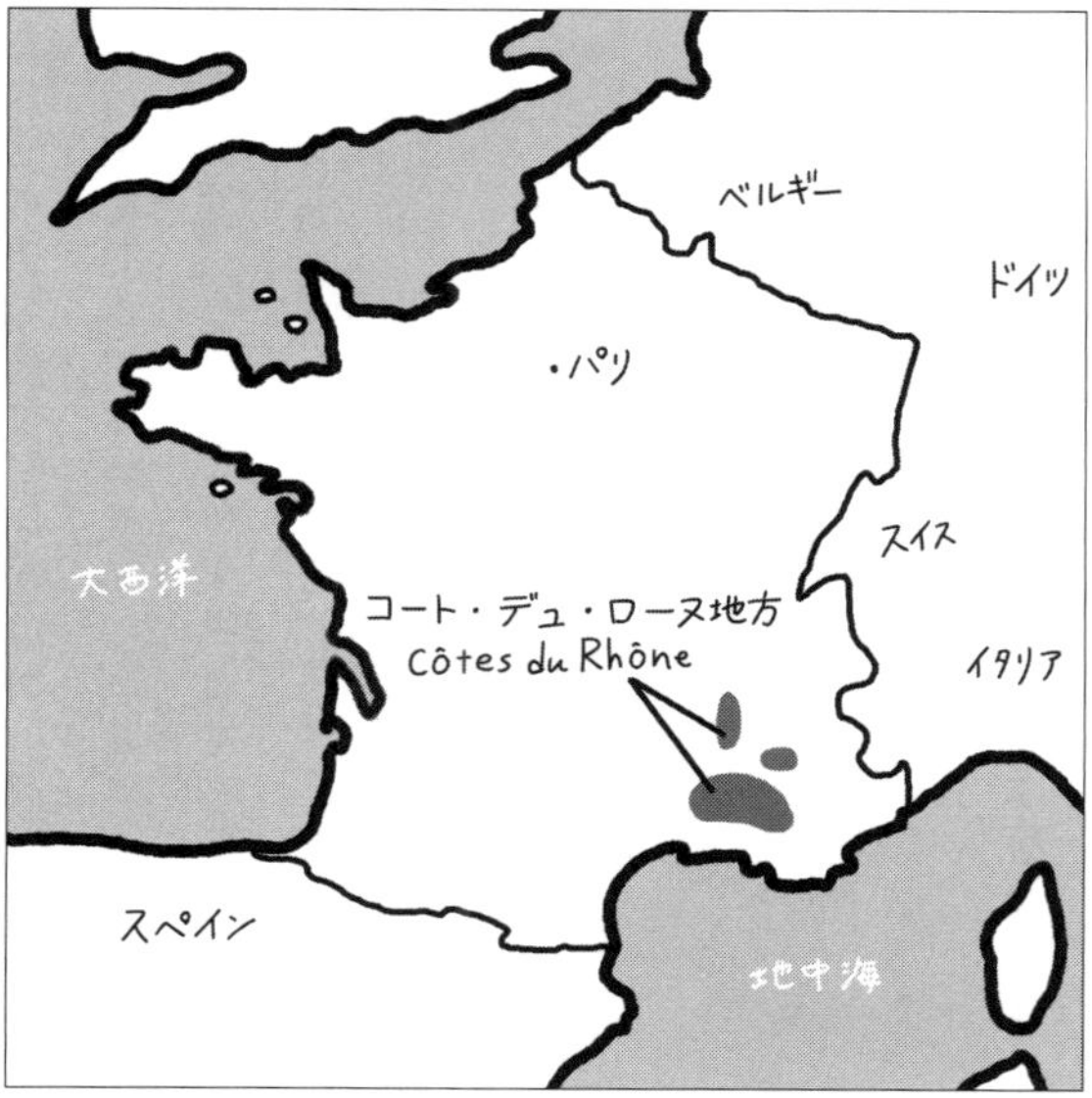

「ワイン評論家っているんですね」

「もちろんいますよ。パーカーはアメリカのボルチモアの農業信用金庫で弁護士として働いていたのですが、当時のワイン評論が、広告主であるワイナリーや酒販店のワインのことは悪く書かないのを不満に思い、企業から一切広告をとらない自身のワイン評価誌を1978年に出版します。これは百点満点で表現するのでとてもわかりやすく、評判になりました。シンデレラワインという言葉を知っていますか？　世界中には無名だけど美味しいワインはたくさんあります。パーカーはもちろん何万円もするボルドーやブルゴーニュの有名ワインに95点というような評価を与えているのですが、全く無名な2000円くらいのワインにも95点という点数をつけることがあります。そうなるともちろん全世界のワイン好きはそのワインを欲しがりますよね。みんなが欲しがると価格は一気に上昇します。特にそういうワインは生産量が少なかったり、現地だけで消費されていたりして、あまり流通していなかったりするので、あっという間に入手困難なワインとなり、価格が高騰してシンデレラワインと呼ばれる状態になるのです。その時期からワインショップの店頭では、『パーカーポイント93点』というような表示をするようになりました。パーカーが高得点をつけたということは美味しいんだろうと消費者は判断し、それらのワインを求めて購入するようになります。そうなると、ワインの生産者側も、パーカーが好みそうな、パーカーが高得点をつけそうなワインを造るようになります。1990年代あたりからは、世界中の多くの生産者が今までのワインの造り方を変えて、パーカーが好みそうな凝縮感があって樽の香りをきかせたワインを造るようになりました。パーカーは、高級なボルドーやブルゴーニュやシャンパーニュの味を美味しいと感じる人なんですね。パーカーの出現によって、世界の個性的なワインがパーカーが好む味のように造りかえられ、同じような味になってきたと感じる消費者が増えてきました」

「広告を載せないワイン評論誌が始まりなのに、それが権威になって今度はワイナリーの方がそのワイン評論誌で評価されるようにワインを造り直すんですか。世の中ってなんだか難しいですね」と絵里子さん。

「ナチュラルワイン」がブーム？

「さて、この二つのワインの共通点ですが、ロバート・パーカーが絶賛したこともありますが、もうひとつ、どちらの造り手もビオディナミという農法でワインを造っているんです」

「ビオワインだ。聞いたことあります。ナチュラルワインですよね」と高志さん。

「そうですね。自然農法のワインです、で終わりにしたいところなのですが、このナチュラルワインって今はすごく流行っていまして、なにかと話題になるワインなのでもう少し突っ込んだ説明をしてもいいですか。ややこしい話はどうだっていい、そのワインを美味しいと感じたらそれで良しと私個人は思うのですが、こういう決まり事があるということは知っておいてもいいと思いますので」

「はい。もちろん」

絵里子さんが答える。

「ビオディナミ農法は、ドイツのシュタイナー博士が、20世紀初頭に、従来の西洋科学的な農法を否定して提唱しました。特徴的なのは月の満ち欠けに合わせて収穫したり、肥料も雄牛の角に牛糞を詰めたものやカモミールの花を使ったりとか、いろんな決まりがあります」

「月の満ち欠けに合わせてって、ちょっとスピリチュアルな気もしますが」と高志さん。

「でも実際、月の満ち欠けと女性の身体とは深い関係があるってよく聞きますしね。人間が月の満ち欠けに左右されるということは、植物もなんらかの影響はあるかもしれないですよね。それを信じた農法というわけです。他に、ビオロジックという農法もあります。これはそのまま有機農法のことなのですが、化学肥料や除草剤や農薬などは使用しません。動物の糞なんかを肥料として使ってブドウを育てています。リュット・レゾネという農法もあります。減農薬栽培ですね。農薬の使用を最小限に抑えたアプローチで、英語ではサスティナブルと表現されます。これらのワインをまとめてナチュラルワインと最近は呼んでいます。今はとにかく健康ブームと言いますか、身体に悪いモノは摂りたくないという傾向や、地球環境に配慮しようという動きもありますから、この流れは長く続いていくと思います」

「こんな風にいろんなワインの動きがあるのですが、私が思うのは、これはロバート・パーカーが高い点数をつけたからとか、これは格が高いからとか、これはナチュラルだからとかではなく、自分にとって美味しいと感じたらそれが美味しいワインなのではないでしょうか」

「先日マスターが言っていたように、美味しいは自由ですよね」と高志さん。

「はい。そう信じています。私が美味しいと感じるワインを、お二人が美味しいと感じないこともあります。それはそれで良いのではって思います」

ワイン王国、イタリアとスペイン

「さて、フランスワインのことばかり話してしまったのですが、本当のワイン王国はイタリアなんです。先ほど申し上げたように、ローマ人がヨーロッパの各地方にブドウやワイン造りを伝えたわけですし、ワインの生産量世界一はイタリアでもあります。フランスワインが注目されがちなのはフランスの方がブランド作りが上手かったからです。イタリアではシチリア島も含め、全土でそれぞれの土地に根ざしたワインが造られていますが、一番有名な場所はピエモンテ州です」

私はカウンターの上の地図を指さして説明を続ける。

「こちらの地図を見ていただけますか。イタリアのかなり北の方です。ここにバローロ村とバルバレスコ村があります。バローロもバルバレスコもどちらもネッビオーロというブドウの品種から赤ワインを造っていますが、バローロのワインはイタリアの王様と呼ばれていて味がしっかりとしたフルボディで、バルバレスコのものはイタリアワインの女王様と呼ばれていて軽くエレガントな味わいになっています。さて高志さん、キャンティは知っていますか？」

「六本木にキャンティって有名なイタリアンレストランがありますよね。ユーミンや伊丹十三が常連だったっていう伝説的なお店です」

「そのキャンティもありますよね。たぶん、世界中にキャンティという名前のイタリア料理店はたくさんあるはずでして、なぜならキャンティってイタリアワインの代名詞的存在だからなんです。サンジョヴェーゼというブドウの品種を中心に他の品種も混ぜて造られるトスカーナ州の赤ワインです。カジュアルに飲めるデイリーワインから、キャンティ・クラシコというキャンティよりも上のクラスのワインもあります」

「キャンティってワインの名前だったんですね」

「そうなんです。さて、スペインもすご

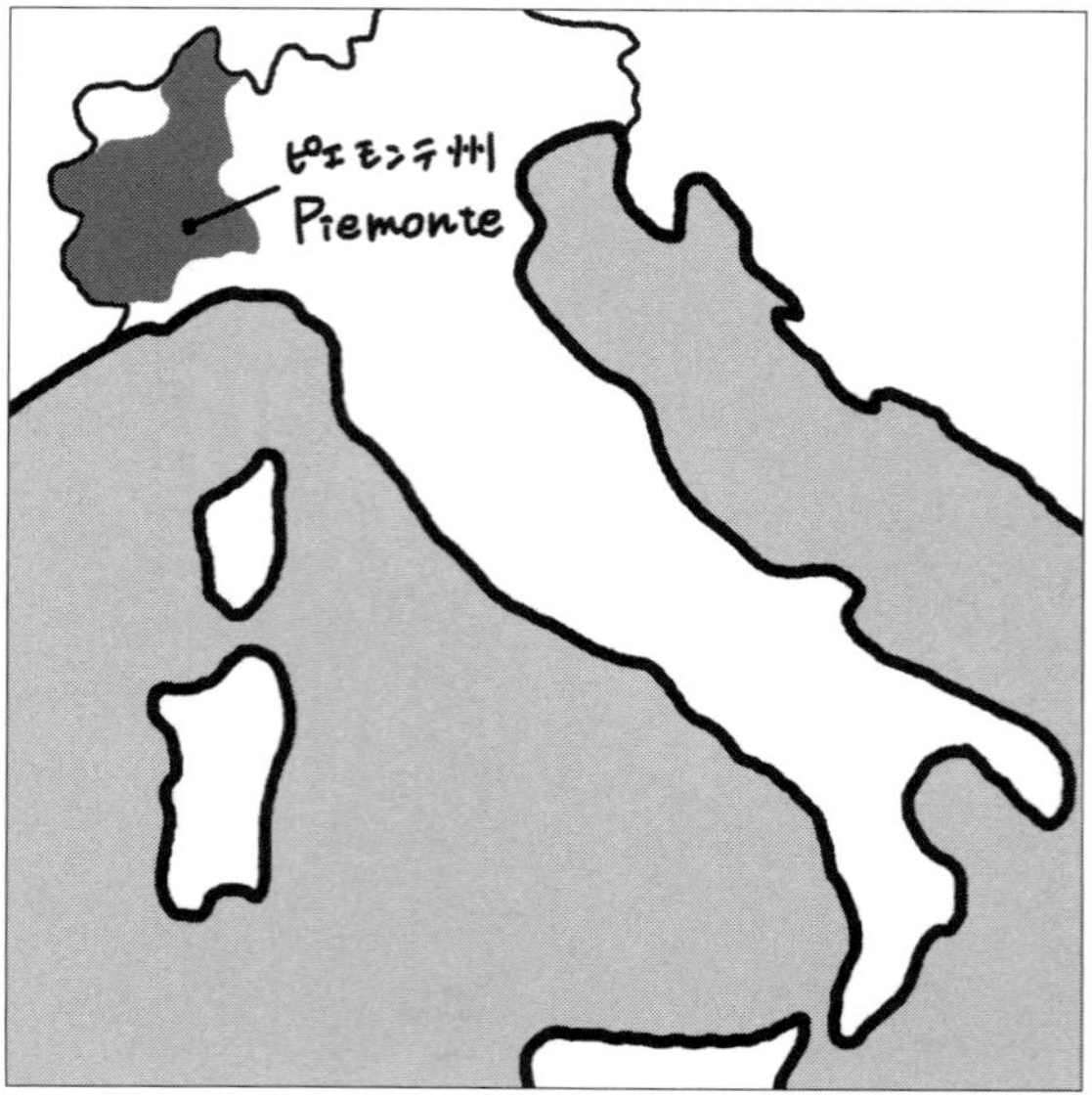

く美味しいワインがたくさんあります。今日覚えて欲しいスペインのワインは、カヴァというスパークリングワインです」

「カヴァ、安くて美味しいですよね。女友達と家飲みするときいつも買っています」と絵里子さんが楽しそうに話す。

「いいですね。このカヴァですが、カタルーニャ語で洞窟、カーヴのことです。スペイン固有のブドウの品種を使うことが多いですが、シャルドネやピノ・ノワールのようなフランスのシャンパーニュと同じ品種が使われることもあります。そして、カヴァはシャンパーニュと同じ、瓶内二次発酵で造られるという決まりになっているんです。シャンパーニュと同じ造り方なのに、安いものでは1000円以下で日本のスーパーや大型酒店で見つけられます。味もほとんどがさっぱり辛口なので、いろんな料理に合わせやすいですし、全世界で安くて美味しいスパークリングワインといえばカヴァと愛されています」

「カリフォルニアワイン」が注目されるきっかけとなった大事件

「最初にお話ししたように、ワインはキリスト教の儀式で使われます。キリスト教は日本をはじめ、多くのヨーロッパ以外の国にも広がりました。あるいは、ヨーロッパからキリスト教徒が移民としてやってきた土地もあります。儀式のためのワインをいちいちヨーロッパから船に載せて運んでいては大変です。世界中で、ヨーロッパから持ってきたブドウを植えて、ワインが造られました。中でもアメリカのカリフォルニアがワインの産地として有名です。カリフォルニアではカベルネ・ソーヴィニヨンやメルローのようなフランスのボルドーと同じブドウの品種や、ピノ・ノワールやシャルドネのようなブルゴーニュと同じ品種が栽培されていて、ボルドーやブルゴーニュと似たタイプのワインが造られています。なぜカリフォルニアなのかですが、ゴールドラッシュはご存じですよね。1800年代の半ばにカリフォルニアで金が見つかって、たくさんの人たちが一攫千金《いっかくせんきん》をねらって集まってきました。もちろん、金にありつけなかった多くの人たちがあぶれてしまいましたが、そんな人たちをワイン造りの労働者として雇い、ワインの地としてカリフォルニアは発展していきます。そしてパリスの審判という大事件が起こりました」

「パリスの審判ってギリシャ神話ですよね？　大事件？　なんですか。それは」

「高志さん、ギリシャ神話の方をご存じなんですね。これはそのギリシャ神話にひっかけたワインのある事件のことなんです。私も若い頃に通ったことがあるのですが、日本にアカデミー・デュ・ヴァンというワインスクールがあるんですね。フランスが本校なのですが、創設者はイギリス出身のスティーヴン・スパリュアという人なんです」

「ええと、フランスのワインスクールをイギリス人がつくったって、それって、日本で日本酒の学校を韓国人や中国人がつくったっていうのと似ていますよね」と絵里子さん。

「そうなんです。イギリス人だからこそ思いついたのかもしれません。イギリスではワインは造れないですから、身近にありません。でもヨーロッパの社交界ではフランスワインの銘柄を知っていることは教養です。例えば私たち日本人は、米どころは新潟とか、『白鶴』や『月桂冠』という日本酒の銘柄は勉強していないのに自然と知っていますよね。同じように、フランス人は小さい頃から、ブルゴーニュやボルドーはどこにあって、どういうワインなのかっていうのを教養ではなく身近なこととして知っています。私たちは普通、韓国はソウルと釜山くらいしか知らないし、中国は北京と上海と香港くらいしか知らないです。同様に、イギリス人にとってみれば、ボルドーの有名なシャトーがどこだとかアルザスはドイツと隣接しているとかって言われても、いまひとつ想像ができないんです。だいたいワインのラベルがフランス語で書いてあってわかりにくいですしね。でも、レストランではフランス語だけのワインリストから選ばなくてはいけないし、何かパーティーがあればゲストに失礼のないようにメドックの格付けのワインやブルゴーニュの良い畑のワインを準備しなくてはなりません」

「なるほど。それは大変ですね」と絵里子さん。

「そこで、スティーヴン・スパリュアは、1971年にパリにワイン専門店を開きました。彼は英語でワインを細かく説明したので、店はパリ在住のアメリカ人から大人気となりました。わかりますよね。私たちも、パリに日本語でフランスワインを説明してくれるワイン専門店があったらそこに行って買いますよね。『今度、フランス人のパーティーに呼ばれたんですけど、どんなワインを持っていったらいいと思いますか?』って質問してそこで買いますよね。1972年には店の隣の建物でワインスクールのアカデミー・デュ・ヴァンを創設しました。英語で教えてくれるワインスクールなので、アメリカ人やイギリス人から大人気になったそうです」

「良いところに目をつけましたね」と絵里子さん。

「そんなイギリス人が経営するパリのワインショップには、カリフォルニアのワイン生産者も立ち寄ってくれます。飲んでみるとカリフォルニアワインも相当美味しいです。スパリュアは自分のワインショップでカリフォルニアワインも扱うようになりました。そして、1976年がやってきます。この年はアメリカ建国200周年なのですが、これを祝って何かワインの企画をしたいと考えたスパリュアは、カリフォルニアのワインとフランスのワインをブラインドテイスティングするというものを思いつきました。テイスティングするのは、ロマネ・コンティの会社の経営者や、フランスの三つ星レストランのオーナーシェフやワイン専門誌の編集長といったワインに詳しいフランス人ばかりです。スパリュア本人も、最初はカリフォルニアワインも結構美味しくなったよって知ってもらうきっかけと、自分のお店と学校を知ってもらうきっかけになればと考えた企画だったようなのですが、なんとカリフォルニアワインの圧勝となってしまったんです」

「えええ！」と驚く高志さん。

「現地メディアはこの試飲会そのものを最初から無視していたのですが、唯一、アメリカのタイム誌の記者がアカデミー・デュ・ヴァンの授業を受けたこともあった縁で、この試飲会を取材していました。この記者がタイム誌で『パリスの審判』と特集し、カリフォルニアワインがブラインドテイスティングでフランスワインに圧勝したことを報じました。続いて、ニューヨーク・タイムズ紙も2週間連続でこれを報じて、世界中にカリフォルニアワインの素晴らしさが伝えられることになりました。この出来事がなければ、新世界のワインが今のように評価されるのはもっと遅かったと言われていますし、この出来事が、新世界でもっともっと美味しいワインを造ろうとするきっかけになりました」

「へぇ。いい話ですね」

絵里子さんがほほえむ。

「そして今では、オーストラリアやニュージーランド、チリやアルゼンチン、南アフリカなど、アメリカ以外でも美味しいワインがたくさん造られています」

「日本ワイン」もおすすめ

「そして日本のワインです」

「日本ワインってちゃんと飲んだことなくて、どうなんですか？」と高志さん。

「すごく美味しいワインがたくさんありますよ。主な産地は山梨、長野、北海道、山形です。カベルネ・ソーヴィニヨンやメルロー、シャルドネといったフランスのブドウ品種も作られてはいますが、日本固有品種というものがあります。白ワインは甲州、赤ワインはマスカット・ベリーAです。甲州で造られる白ワインは、天ぷらなんかにも合いますし、マスカット・ベリーAの赤ワインはお醤油とも合いますから、焼き魚や魚の煮物なんかにも合います。あるいは最近はナチュラルワインの造り手が、私たちがよく食べているデラウェアや巨峰を使ったり、日本のヤマブドウとカベルネ・ソーヴィニヨンの交配種であるヤマ・ソーヴィニヨンを使ったりと面白いワインもあります。どれもそれぞれの美味しさがありますから、興味や料理やシチュエーションに合わせていろんなワインを試してみてください」

「はーい！　美味しいは自由ですよね」と二人は声をそろえた。

「それじゃあ、お会計をお願いします。また、引き続き教えてくださいね」

高志さんがそう言うと私は伝票を見せた。

「安くしていただいてありがとうございます」と言いながら高志さんが支払い、二人は手を振りながら夜の渋谷の街へと出た。

第3章

焼酎

焼酎ができるまで

また夜の7時に、先日の二人組が来店した。

「マスター、この間はありがとうございました。やっとワインのテイスティングの意味もわかりましたし、もっともっとお酒を教えてください」と高志さんが笑った。

私は、二人に「それでは今日は焼酎を飲んでいただきます」と言い、ロックグラスに氷を3個入れ、『森伊蔵』を注ぎ、そっとステアしたものを絵里子さんの前に置き、円筒形の細長い形をしたコリンズグラスに氷を5個入れ、『キンミヤ』を注ぎ、カットレモンを搾り込み、そこに炭酸を満たし、ステアしたものを高志さんの前に置いた。

「絵里子さんの方は『森伊蔵』のオン・ザ・ロックです。高志さんの方は『キンミヤ』のソーダ割りです。どうぞ」

「『森伊蔵』って入手困難で有名ですよね」と絵里子さんは少し驚いたように言いグラス

を口に運んだ。

「ああ、ほのかな芋の香りがしますね。でも飲み口はすっきりとしていて美味しいです」

「これは全くクセがなくてスイスイいけちゃいますね。さっぱりしていて美味しいです」と高志さん。

「ありがとうございます。まず絵里子さんの方が『森伊蔵』という鹿児島の芋焼酎です。１９９６年に、当時のフランス大統領ジャック・シラクが好きだということが新聞で紹介されてから、一躍有名になりました。そんな話を聞いてしまえば、一度で良いからその焼酎を飲んでみたいと日本中の人たちが思いますよね。一升瓶換算で年間15万本という少ない量しか生産していないので入手困難な焼酎として有名で、一升瓶が定価では税込み３１７０円という普通の金額で売

られているのですが、ネット通販では時には2万円を超えるような高額で取引されています」

「その定価ではどこで買えるんですか？」

　高志さんがやや興奮気味に質問した。

「電話予約で抽選販売を行っているみたいですね。あとは、先ほどの値段とは違うようですが、どうやらＪＡＬの国際線の機内販売でも購入できるようですよ」

「その酒蔵はもっと工場を大きくして、たくさん生産しないんですか？」と絵里子さんが言った。

「融資の話はあったそうですが、５代当主が『人の口に入るものは手間と暇をかけるもの』という先代の教えを守り、『身の丈を超えたらうまい酒は造れない』という信念を曲げなかったそうです」

「そういう言葉を聞くと、ますます欲しくなりますね」と高志さん。

「はい。でもこれからは、少数のものを丁寧につくって丁寧に売るというのが一番生き残れる方法かもしれません。鹿児島には他にも『魔王』と『村尾』という入手困難な芋焼酎があって、『森伊蔵』も含めみんな頭文字がMなのでその三つを合わせて3Mと呼んでいます。でももちろん他にも美味しい芋焼酎はたくさんあります。自分の舌で確めるのが一番です。そして、高志さんが飲んでいるのは、三重県の『亀甲宮焼酎《きっこうみや》』、通称『キンミヤ』のソーダ割りです」

「『キンミヤ』知っていますよ。下町でホッピーで割ったりしますよね」

「高志さん、そういう酒文化を語るときは目がキラキラしていますね。実は、『森伊蔵』と『キンミヤ』には大きな違いがあります。まずは焼酎の造り方を簡単に説明しますね。いつもここに戻りますが、ブドウのような果実は、搾ったジュースに糖分があるので、そこに酵母を加えると、アルコールと炭酸ガスになります。でも、米や麦や芋に多くあるのはデンプンです。酒を造るにはそのデンプンを糖分に変える必要があるのですが、それには麹という物が必要になります。麹は米や麦のような穀物に、コウジカビという微生物を繁殖させた物です。焼酎に使われる麹は、黄麹《きこうじ》、黒麹《くろこうじ》、白麹《しろこうじ》の3種類があります。黄麹は日本酒に使われる麹です。焼酎にもこの黄麹が使われていたのですが、この黄麹で造った焼酎は、暑い夏に腐敗することが多かったんです。しかし、沖縄の泡盛は、黒麹というのを使っているため暑い夏でも腐敗しません。黒麹はクエン酸をたくさん作る性質があり、このクエン酸が腐敗の原因となる雑菌を抑えるのです。そのことがわかり、20世紀初頭、黒麹が広がり焼酎は発展します。その黒麹から培養中に突然変異で生まれたのが白麹です。クエン酸を作り出す性質はそのままで、これを使うと焼酎の品質も上がったため、20世紀の半ばから多くの蔵元で使われています。でも、ビールのときにあったように、設備も進化して焼酎の蔵元の工場も低温をキープできるようになったので、昔ながらの黄麹の焼酎も復活しました。黄麹を使うと華やかな香りや甘味が生まれます。黒麹を使うとコクとキレが出て、白麹を使うとまろやかでやわらかい風味になります。この麹に酵母と水を加え、アルコール発酵させます。これを一次仕込みといいます。アルコールや酵母が入ったどろどろのものをもろみと呼びます。ここに主原料である、米や麦や芋などと水を投入することを二次仕込みといいます。ちなみに泡盛は、米を全部麹にして、麹全量と水と酵母を一気に仕込む全麹仕込みという方式で造ります。二次仕込みで発酵を終えたもろみを蒸留器で蒸留して、アルコール度数の高い原酒を造ります。この原酒は37~45度とアルコール度数が高めで、その後、水を足して

25度くらいにして、瓶詰めをして出荷します。この水を足すことを割り水と呼ぶのですが、地下水や湧き水、温泉水などを使うことが多いです。ウイスキーなんかの蒸留酒もこの割り水、加水をしていますが、多くの場合はプレーンな蒸留水です。焼酎の場合は天然水を使うので、それが調味料的な役割をして、焼酎に風味を加えています。割り水を加えない原酒のまま出荷する焼酎もあります。その場合は名前やラベルに原酒とあります」

「原酒ってそういう意味だったんですね」

高志さんが納得したような表情を見せた。

甲類焼酎、乙類焼酎とは

「さて、今までお話ししたのは、『森伊蔵』のような芋焼酎、あるいは他の米焼酎や麦焼酎の造り方です。このように造る焼酎は乙類焼酎と呼びます。一方、『キンミヤ』の方は甲類焼酎というものです。甲類焼酎の多くの場合はサトウキビの糖蜜を原料としています。砂糖の原料であるサトウキビは、砂糖を作った後にもたくさんの糖分が残ります。その糖分を廃糖蜜と呼ぶのですが、それに酵母を加えアルコール発酵させ、連続式蒸留機という強力な蒸留器を使って複数回蒸留を繰り返してアルコール純度を高めます。もちろん糖蜜以外の原料を使う場合もありますが、蒸留を繰り返すうちに原料の風味は消えてクリアになります。この純度の高いアルコール原酒に水を加えてアルコール度数を下げて出荷します。一方、乙類と呼ばれる芋焼酎なんかの方は、昔ながらの1回しか蒸留しない単式蒸留で作っているので、原料の芋の風味が残っているというわけです」

「あれ？　甲乙って甲の方が上で、乙の方が下ですよね。『森伊蔵』って高いんですよね。でもどうして『森伊蔵』が乙類なんですか？」と高志さん。

「いいところに気づきましたね。『キンミヤ』などの甲類の方は連続式蒸留機を使っていると言いましたが、この連続式蒸留機って明治に入ってきた新しいものなんです。それで当時は新式と呼んで甲類ということになり、それまでの単式蒸留を旧式と呼んで乙類となりました。別にどちらが上か下かというわけではなかったんです。でも乙類と呼ばれた方の酒蔵さんたちは、劣っているというイメージを嫌がって、本格焼酎と名乗ることにしました」

「そうだったんですね。知りませんでした」

芋、麦、米、黒糖……焼酎の原料は様々

「それではここで焼酎の歴史をお話しします。以前、高志さんにもお話しした錬金術師が見つけた蒸留酒ですが、どうやって日本に入ってきたかです。二つの説を紹介します。14世紀頃、琉球は日本や中国や南海諸国との海上貿易の拠点になっていたのですが、シャム王国、現在のタイから蒸留酒の技術が琉球に伝わって泡盛ができました。それが奄美《あまみ》大島や鹿児島に伝わったという説がひとつです。もうひとつは、15世紀に、朝鮮半島から長崎県の壱岐《いき》や対馬《つしま》を経由して日本に入ってきたという説です。まあどちら

にせよ、この蒸留技術は九州全般に広がり焼酎が造られるようになったのですが、最初は日本酒同様に、原料は米だけで造っていたんですね。しかし米は貴重ですから、九州各地で米以外の焼酎が造られるようになります」

「意外です。最初は米から造っていたんですね」

絵里子さんがそう言うと、高志さんが質問をした。

「米以外の焼酎にはどんなものがありますか」

「鹿児島県は火山灰が主なシラス台地なので、元々米作りには適してはいませんでした。１７０５年に沖縄からさつまいもの苗が入ってきたのですが、これがシラス台地に向いていて、さつまいもの栽培が広がり、やがて芋焼酎が造られるようになりました。芋焼酎は、芋独特の癖のある甘い香りがします。これが最初は苦手と感じる人もいますが、飲みなれてくるとこの香りがたまらないというファンがたくさんいます。奄美は黒糖焼酎が有名ですね。１６１０年、奄美大島の農民が琉球への渡航中に、中国の福建省へ漂着しました。その後奄美へ戻るときに、さとうきびの苗と精糖技術を持ち帰りました。当時、黒糖は貴重品で、薩摩藩が専売して輸出品とするため、焼酎にするのは禁じられました。ちなみにこの黒糖が薩摩藩にもたらした莫大な利益は、討幕運動の資金になったそうです。太平洋戦争後、奄美諸島はアメリカの占領下となり、戦後の米不足から、黒糖焼酎が造られるようになりました。その後、１９５３年の本土復帰のときに、米麹の使用と奄美群島区内での製造を条件に、黒糖焼酎の製造が認められました。黒糖焼酎は、甘くて柔らかい香りと、コクのあるうまみが特徴的です」

「黒糖焼酎にはそんな歴史があったのですね」と高志さん。

「長崎県の玄界灘に浮かぶ壱岐島は麦焼酎発祥の地と言われています。米作りが盛んな土地でしたが、米を年貢として納める必要があったので、米から造る日本酒よりも安い焼酎が現地では好んで飲まれ、麦の壱岐焼酎が発展しました。壱岐の麦焼酎は麹だけは米を使うのですが、１９７３年に、大分の二階堂酒造が麹も主原料もすべて麦という製法を開発し、大分独自の麦焼酎が生まれました。『二階堂』に続き、『いいちこ』で有名な三和酒類が減圧蒸留という方式を取り入れ、軽やかな味わいの麦焼酎を生み出し、これが大ヒットして、焼酎はクセの強い酒というイメージをくつがえし、昭和50年代に焼酎ブームを巻き起こしました」

「『二階堂』も『いいちこ』も知っています。よくボトルキープされていますよね」と高志さんが言った。

「有名ですよね。さて、宮崎県は南北に長くて地域ごとに風土が違うため、芋以外にも造られていて、特に有名なのは日本初の蕎麦焼酎の『そば雲海』でしょうか。蕎麦焼酎は、ほのかな蕎麦の香りと、すっきりとした飲みやすさが特徴的です。沖縄の泡盛ですが、他の日本の焼酎はジャポニカ米を使っているのに対し、泡盛はインディカ米いわゆるタイ米を使っているのが特徴です。タイ米を使うと独特のバニラ香が出ます。こんどゆっくり泡盛の香りをとってみてください」

「泡盛がタイ米で造られているなんて意外でした」と絵里子さん。

「さて、今説明した九州や沖縄の焼酎は先ほど説明した1回しか蒸留しない本格焼酎ですが、戦後は物資不足だったため、原料に糖蜜を使った甲類焼酎が民衆たちに大きく受け入れられます。そしてその甲類焼酎が、1980年代に缶チューハイとして売り出され、爆発的なヒットになりました。さらにチェーン店の居酒屋ブームで学生や女性たちが気軽に飲めるレモンサワーやグレープフルーツサワーのような飲み物も流行り、甲類焼酎は安く飲める酒として市民権を得ることになりました。焼酎はクセのある強い酒というイメージからジュースや炭酸で割って飲む酒というものに変化したんです。その後、２０００年代になり、本格焼酎ブームがやってきます。３Ｍと呼ばれる鹿児島の芋焼酎のようなプレミアムがつく焼酎が生まれたり、居酒屋やバーでもいろんな本格焼酎が置かれたりするようになりました。焼酎も日本酒同様にいろんな銘柄があります。イメージに惑わされずにいろいろ楽しんでみてください。ロック、水割り、お湯割り、ハイボールなど、飲み方もいろいろ試してみて、好みのものを探してみるのもいいですね」

「はーい！」と二人が答えた。

第4章

日本酒

「本醸造」「吟醸」「純米」の違いは？

私は二人に、「それでは次は日本酒を飲んでいただきますね」と言い、木村硝子店のバンビのグラスに『獺祭《だっさい》』と『〆張鶴《しめはりつる》』を注いで出した。

「絵里子さんの方は『獺祭』の純米大吟醸《だいぎんじょう》45です。高志さんの方は『〆張鶴』の本醸造月です。さあどうぞ」

「日本酒はこんな可愛いグラスで出しているんですね」と絵里子さん。

「はい。日本酒はお猪口で出すのが本来のスタイルですが、うちはバーですので、こういうグラスで楽しんでいただこうかなと思って出しています」

「うーん、良い香りです。フルーティーでさらっと入っていきますね」と絵里子さん。

「あれ？　僕の方は温かいです。柔らかくてうまいですねえ」

「お二人とも感想がどんどん上手くなっていきますね。絵里子さんが飲んでいる方は、山口県の旭酒造が造る『獺祭 純米大吟醸45』です。米って最初に収穫されたときは玄米ですよね。それを精米して白い米にします。私たちがごはんとして食べている米はだいたい10％くらい周りを削っています。その削ったものはぬかと呼ばれ、ぬか漬けに使われたりしますね。残りの90％の部分を白米と呼んで、私たちはそれを炊いてごはんにして食べています。日本酒の原料の米も、そういう風に精米すればするほど雑味がなくなって軽やかで綺麗な味わいになるんです。その精米することを磨くといいます。この純米大吟醸45の数字ですが、55％を磨いて、残りの45％の米で造っているという意味です。この数字を精米歩合と呼んでいて、精米歩合70％以下のものを本醸造、60％以下のものを吟醸、50％以下のものを大吟醸と呼び

ます。だからこの『獺祭』は45％なので大吟醸というわけです。『獺祭』は最近の日本酒ブームの中心的存在で、海外でも人気があるのですが、磨き二割三分というものもあって、要するに精米歩合23％で、77％の米を削ってぬかとしているんです。磨くのって技術も必要だし、捨てる部分が多いのでどうしても原料費がかかります。すると値段も高くなるというわけです。高志さんが飲んでいるのは新潟県の宮尾酒造が造る『〆張鶴　月』です。40℃まで温めています。いわゆるぬる燗《かん》ですね。この酒は温めると香りにふくらみが出ます。ちなみに日本酒で冷やというのは常温の状態のことです」

「え？　そうだったんですか。冷やだと冷えていると思いますよね。どこかで間違える前に聞いておいて良かったです」

「高志さん良かったですね。これは若い人はよく間違えることで有名ですね。店員ですらたまに居酒屋で、『酒を冷やでください』と言われたら、常温で出すべきなのですが、間違えて冷蔵庫に入っているのを持ってくるというのはありますね。冷たい日本酒は冷酒と呼びます。温度による呼び名はいろいろありますが、基本は冷酒、冷や、お燗の三つです。さて、酒の説明に戻りますと、本醸造には醸造アルコールが入っています」

「え？　そうなんですか？　醸造アルコールってなんですか？」

高志さんが不思議そうな顔で尋ねる。

「醸造アルコールとは、化学薬品ではなくて、主にサトウキビを原料として発酵させ、蒸留した食用に用いられるアルコールのことです」

「どうしてそんなアルコールを入れているんですか？」

「醸造アルコールを入れると、日本酒がスッキリして爽やかな飲み口になるのと、香りが立って、吟醸香が強くなるんです。これは日本酒に含まれる糖分や酸による雑味の部分を、アルコールが抑える効果があるからだとされています。あるいは、酒は雑菌が増えたりカビが繁殖したりする恐れがあるので、それらを防ぐ目的でアルコールが添加されます。これは江戸時代から始まったようです。江戸時代当時も酒の品質を安定させて腐敗を防ぐためにアルコール添加をしたんです。その当時は現在のような醸造アルコールではなく、焼酎が使われていたようですね。ちなみに、醸造アルコールが添加されていない、米と米麹だけで造られた日本酒を純米酒といいます。米のうま味や甘み、そして香りが感じられるという特徴があります。先ほど説明した本醸造酒、吟醸酒と純米酒、いずれかの表示があるものは『特定名称酒』といい、それ以外のものは『普通酒』といいます。基本的に清酒といわれる日本酒はこの二つに分けられます」

「なるほど。米がどのくらい削られているか、醸造アルコールが入っているかいないかで、種類が決まるんですね」と高志さん。

「その通りです。他にも、火入れや加水、ろ過の有無や貯蔵期間の違いなど製造工程、いわゆる『造り』の違いでもっと細かい呼び名があります。例えば、『生酒《なまざけ》』というのは、火入れをしていない酒で、フレッシュな味が楽しめます。冷やして飲むのに向いています。『原酒《げんしゅ》』は水を加えていない酒のことで、アルコール度数が高く、どっしりと力強い味が特徴です」

「なんか難しくなってきました」と少し困った顔をする高志さん。

日本酒はいつから飲まれている？

「日本酒は奥が深いですよね。これ以上説明すると混乱させてしまいそうですので、ここで話題を変えて、簡単に日本酒の歴史を話します。まず、日本で最初に飲まれた酒について説明します。長野県で発見された縄文時代中期の遺跡の土器から、ヤマブドウの種が見つかっています。また秋田県の遺跡でも、果実酒のろ過を行った跡が見られ、発酵物に集まる習性のある虫の死骸や、木イチゴ、サルナシなどの複数の断片が発見されていいます。日本の最初の酒はヤマブドウが自然発酵したワインや、それ以外の果実酒だったのではと言われています」

「なるほど。やっぱり最初は普通に果物を潰してジュースにして、それについた酵母が混じってお酒になるっていう方が簡単ですよね」と高志さん。

「はい。高志さんも酒のことがかなりわかってきましたね。米からできた日本酒は、稲作が入ってきた弥生時代にすでにあったのではと言われていますが、具体的にいつから造られていたのかはわかっていません。3世紀頃の日本について書かれた『魏志倭人伝』の中で、『人性酒ヲ嗜ム』とあるので、その時代には日本人は酒を飲んでいたとわかりますが、その酒が何の酒なのかはわかりません。7世紀後半から8世紀後半頃に編《へん》纂《さん》された『万葉集』に、にごり酒が出てくる歌がいくつかあります。ですからこの時代には米と麹を原料とするろ過していない日本酒が飲まれていたのでしょう。そして967年に完成した、平安時代の法律などがつづられている『延喜式《えんぎしき》』に、当時の酒の製造法が書かれていて、すでに現代の日本酒と変わらない方法で造られていたことがわかります。私たちが飲んでいる、あの透き通った日本酒は平安時代から飲まれ始めていたのでしょう」

「なるほど。平安時代なんですね」

「でもこの時期の日本酒は主に貴族たちだけのものでした。その後少しずつ庶民も飲めるようになり、江戸時代には流通が発達し、当時の銘酒どころだった関西の摂津の酒は江戸へと大量に運ばれました。この酒は上方《かみがた》から江戸に下《くだ》ったので『下り酒』と呼ばれました。江戸周辺でも日本酒は造られていたのですが、当時はまだまだ上方の方が技術的に優れていたので、上方からくる物を高級品の下り物として、江戸周辺の物を下らない物と呼び、下らないという言葉の語源となりました」

「下らないって言葉はそこからできたんですか」と驚く高志さん。

「関西で造られた日本酒は、江戸まで船で運ばれている間に揺られて熟成が進み、造りたてのものよりも美味しくなったようです。ところで、江戸っ子の初物好きはご存じですよね？」

「はい。初鰹は女房を質に入れても食えだし、今ではマグロの初競りが毎年話題ですよね」と高志さん。

「その通りです。同様に早さを競うもので、関西で造った新酒を、江戸まで輸送する際、どの船が最初に江戸に到着するかというレースがありました。このレースには関西の14軒の樽廻船問屋が14艘《そう》の船を準備し、西宮から江戸まで船を走らせました。一番早い記録で58時間というものがありますが、普通は5日間くらいで到着したようです。一番早く江戸に入った酒は1年間特別に高い値段で取引され、その船は1年間優先的に荷《に》役《やく》ができるという制度がありました。これが江戸っ子に受け、錦絵にも描かれるほど大人気のイベントになったのです」

「楽しそう」と絵里子さん。

「明治時代に入ると、富国強兵のために酒税が大きくかけられるようになりました。どの国、どんな時代も、酒税は大きな財源になりますからね。当時の農家ではどぶろくを家庭内で醸造していましたが酒税強化のため明治32年に、どぶろくを含む酒の自家醸造が法律によって禁止されてしまいました。また、それまでは、酒屋では客が徳利を持参して買う、桶や樽からの量り売りがされていたのですが、水増しなどの不正防止、かつ衛生面にも良いので、一升瓶で売られるようになったのもこの時期です」

「お酒の流通には、不正と衛生面っていうのがどうしてもついてまわりますね」と絵里子さん。

「そして昭和がやってきます。戦中、戦後は食糧難でひどい米不足になりましたよね。でも酒は造れば売れるので、米と麹で造ったもろみに醸造アルコールを加え、さらにブドウ糖や水飴を加えて味を調整した三増酒《さんぞうしゅ》が開発され、この酒が消費の中心となりました。元の酒をアルコールで約3倍に増すことからこう呼ばれました。この三増酒の味は本来の日本酒の味にはほど遠く、さらにビールやウイスキーといった洋酒も流行りはじめ、日本酒はあまり飲まれなくなってしまいます。また、三増酒のせいで、醸造アルコールを加えた日本酒は安物というイメージができました。先ほど説明したように本来、醸造アルコールを加える理由は、すっきり辛口にするため、香りを良くするため、品質を安定させるためだったのですが、三増酒が悪いイメージをつくってしまったのです。その後、高度成長期になって米が余りはじめてもこの三増酒は造られ続けました。そして、1970年代に辛口ブームがやってきます。淡麗で辛口な新潟の『越乃寒梅』が雑誌で紹介され、一時は幻の酒となりました。新潟は米どころなので、本格的な日本酒は新潟が美味しいというイメージが出来上がり地酒ブームにもなりました。その後、1980年代に、それまでの日本酒のイメージとは違う華やかな香りやフルーティーな味わいの吟醸酒が女性やワイン愛好家にも好まれ、吟醸酒ブームがやってきました。吟醸酒そのものはそれ以前にもあったのですが、コストも手間もかかるため、一般的にはほとんど流通していませんでした。しかし、当時はバブル期だったので、日本人全体が贅沢なものを好む傾向にあり、一般庶民の間でも、高級な日本酒を飲むのが一般的になったというわけです」

「なるほど。米不足や経済状況でお酒の味や私たちの好みって変わっていくんですね」

と絵里子さん。

「山廃仕込み」って？

「そういえばマスター、この間、山廃仕込みって何かを教えてくれるって言っていましたけど、山廃仕込みって何なんですか？」と高志さんが言った。

「そういえば先日、そう言いましたね。私も実際、この日本酒の章で山廃仕込みのことは言わなければとずっと思っていたんです。でもこの説明が難しくて、どこで話そうかと思っていたらこんな風に章の最後になってしまいました」

「マスター、この日本酒の章ってどういう意味ですか？」

絵里子さんが不思議そうな顔をした。

「絵里子、それはもう突っ込まない方が良いみたい」

「山廃仕込み、たまに日本酒のラベルに書いてあるから気になりますよね。それではすごく簡単に説明します。先日はわかりやすく説明するために省いたのですが、日本酒を造る際に、酒母《しゅぼ》っていうのを造る工程があるんです」

「酒母？　お酒のお母さんですか？」と高志さん。

「はい。日本酒を造る土台となる液体で、どろっとしたヨーグルトみたいなものを頭に浮かべてみてください。その酒母造りには乳酸菌が必要なのですが、蒸し米を櫂棒《かいぼう》ですりつぶして、どろどろにして自然の乳酸菌を取り込んでいたんです。この昔ながらの方法を『生酛《きもと》』って呼びます。この櫂棒という道具で蒸し米をすりつぶす作業を山卸《やまおろし》っていうのですが、これがすごく大変だったんですね。それが、明治末期に人工の乳酸菌を直接入れてしまうという方法が開発されたんです。これを『速醸酛《そくじょうもと》』と呼びます。もう櫂棒ですりつぶさなくても良くなったというわけです。大きく分けると酒母の造り方は『生酛』と『速醸酛』の2種類です。そして、その後生酛造りの山卸をしなくても乳酸菌が育つ方法が見つかって、山卸を省き酒母が造られるようになりました。それを『山廃仕込み』って呼ぶんです。この山廃仕込みで造ると味が濃厚で奥行きのある香りが出るので、この山廃仕込みというのを大きく名乗っているというわけです。わかりましたか？」

「要するに以前は山卸という蒸し米をすりつぶす作業をしていたんだけど、それをしなくていい方法が見つかって、それを山廃仕込みと呼んでいるということでいいんでしょうか」と高志さん。

「それで大丈夫です。先日も申し上げましたが、日本酒って世界で一番複雑な造り方をする酒と言われています。まあとにかく工程がたくさんあるんです。でもラベルに書いてあることにはあまりとらわれず、実際に飲んで自分の舌で確かめるのが一番です」

「そうですよね。美味しいは自由ですよね」と高志さんが笑った。

「じゃあ、お会計をしてください。帰ります」と絵里子さんが言うと、「僕が払います」と高志さんが言って、笑い合う。お会計をすますと二人は仲良く、渋谷の夜へと帰っていった。

第5章

ウイスキー・スピリッツ・リキュール

ウイスキーとワインの年数表記は意味が違う？

夜の7時開店と同時に、またいつもの二人が来店した。

「マスター、こんばんは。今夜はどんなお酒を教えてもらえるのか楽しみにしてきました」と高志さんがにこにこしながら言った。

私は二人に、「今夜はウイスキーを飲んでいただきます」と言い、グレンケアンのグラスに『ボウモア』の12年と『シーバスリーガル』の12年を注いで、二人の前に出した。

「絵里子さんの方がシングルモルトの『ボウモア12年』で、高志さんの方がブレンデッドウイスキーの『シーバスリーガル12年』ですね。どうぞお飲みください」

「うわあ、独特のちょっと薬っぽい香りがいいですね。飲み口はまろやかで美味しいです」と絵里子さん。

「僕の方もすっきりしていて華やかな香りで美味しいです。ところでマスター、ずっと気になっていたこと聞いていいですか？」

「知らないことはすぐに質問しろ。質問は一時の恥。知らないままでいることは一生の恥とよく言いますよね。バーテンダーにはすぐに質問してください」

「今って2024年ですよね。ということは、この『シーバスリーガル』の12年物は2012年に造られたって意味なんですか？」

「すごくいい質問です。これはいろんな人が勘違いしているんです。ワインの場合は、そのブドウが収穫された年が、例えば2018っていう風にラベルに書かれていますよね。でもウイスキーの場合は、12イヤーズ・エイジドとラベルに書かれています。これはですね、このウイスキーが樽で12年間貯蔵されたっていう意味なんです。ワインとウイスキーの大きな違い

を言いますと、ワインはどの畑でどんな品種のブドウをどんな天候の年に育てて収穫したかっていうのが重要なんですね。でも、ウイスキーは違います。ウイスキーの造り方ですが、ビールとほぼ同じ工程で、ホップだけを入れないで、まずホップなしのビールみたいな醸造酒を造ります。それを蒸留し、樽で熟成させます。この熟成がポイントなんですね。一説によると、ウイスキーの味の70％は熟成によって決まってしまうって言われているんです。ウイスキーはどんな樽で何年熟成させたかっていうのが味の違いに影響するのです。だから、樽で熟成された年数がウイスキーのラベルに表示されるというわけです」

「ええと、僕頭が悪いんでもう少し聞きますが、ということは、２００８年にウイスキーを仕込んで樽に入れて熟成させて、２０２０年に樽から出して、それをボトルに入れておくと何年たっても12年物ってことなんですよね。２０２１年になったら13年物、２０２２年になったら14年物にはならないですよね」

「仰る通りです。その12年物というのは、樽の中で12年入っていたっていう意味なんです。一度その樽から外に出してしまえば、もちろん年数は増えません。さて、ここで注意しておかなければいけないことがありまして、このウイスキー、どちらにも12イヤーズ・エイジドと書かれていますが、これはこのボトルの中に入っているウイスキーの原酒で、一番若い原酒が12年物という意味なんです。その他に18年物とか30年物のウイスキーも混ぜられている場合もあり得ます」

「シングルモルト」と「シングルカスク」は何が違う？

「あれ？　じゃあこの『ボウモア』って、シングルモルトだけど、これも混ぜられているんですか？」と絵里子さんが聞いた。

「すごくいい質問です。シングルモルトとはひとつの蒸留所で造られたモルトウイスキーのことなんですね。例えばこのボウモア蒸留所でも、いろんな樽で熟成されたウイスキーがあって、12年熟成されたウイスキーや20年熟成されたウイスキーもあります。普通はそれら違う原酒を混ぜて、『ボウモア12年』という銘柄のウイスキーにしています。先日、シャンパーニュはいろんな年の原酒を混ぜて造っているって説明しましたよね。あれはモエ社が、うちの『モエ・エ・シャンドン』はこういう味にしたいって考えていて、いろんな原酒を混ぜて、どのボトルを飲んでもあの『モエ・エ・シャンドン』の味になるように調整しているんですね。同じように、『ボウモア12年』も、蒸留所の中で、いろんなボウモアの原酒を混ぜて、ボウモア蒸留所がイメージしている『ボウモア12年』の味にしているというわけなんです」

「そうかあ。樽によっていろいろ出来が違うから、それを混ぜて、商品としての『ボウモア12年』を造っているんですね」と絵里子さん。

「そういうことです。もちろん、そんな風に別の樽のウイスキーを混ぜないで、ひとつの樽のウイスキーだけをボトルに詰めてリリースすることもあります。そんなときは、シングルカスクやシングルバレルと表示されます」

「モルトウイスキー」「グレーンウイスキー」「ブレンデッドウイスキー」の歴史

「それではここでウイスキーの歴史の話をします。先日お話ししたように、蒸留技術は錬金術から発展し、世界に蒸留酒という酒が広がっていきます。この蒸留酒をラテン語ではアクア・ヴィッテ、生命の水と呼んだのですが、それがゲール語でウシュク・ベーハーと訳されて、その後、ウシュクボーなどを経て、ウイスキーという言葉になりました。ウイスキーの起源は、アイルランド説とスコットランド説があり、この件については今でも決着がついていません。アイルランド説の方は、1172年にイングランド王のヘンリー2世の軍がアイルランドに侵攻したときに、アイルランドでは大麦から蒸留した酒が飲まれていたことを根拠にしています。その後スコットランドにウイスキー造りを伝えたのは、アイルランドの修道士であるとも言われていますが、こちらのアイルランド説は言い伝えのようです。スコットランド説の方は、1494年のスコットランド王室財務記録に『8ボル（約500kg）の大麦麦芽を修道士ジョン・コーに与え、それでアクア・ヴィッテを造らせた』という言葉が残っていて、それをスコットランド起源説の根拠にしています。まあでも、この時期のウイスキーは焼酎やウオッカのように、無色透明で、味ももっともっと荒々しい飲み物だったはずです」

「そうかあ。蒸留酒って、醸造酒を沸騰させて揮発したアルコールを集めたものだから、普通は全部が無色透明ですよね。それがウイスキーはなぜかみんな茶色いですね。どうしてなんですか？」と高志さん。

「ここからが面白いんです。1707年にスコットランドはイングランドに併合されました。それで、イングランドはスコットランドのウイスキーの麦芽に高い税金をかけたんですね。その課税を逃れようとスコットランドの北の方のウイスキーの造り手たちは、シェリー酒なんかの空き樽に詰めて、隠したそうなんです。そんな樽に数年寝かせたウイスキーを飲んでみると、琥珀色になっていてまろやかで美味しい味に変わっていたんです。その後、ウイスキーは木の樽で熟成させるということが一般的になり、多くの国で、ウイスキーは樽で熟成させるものとして定義づけられたり、義務づけられたりしました」

「酒税って儲かりますよね。だから課税する政府と、それを逃れようとする民間っていう図式はずっと前からあるんですね」と絵里子さん。

「はい。このイングランドの重税が理由で、スコットランドでまた別のウイスキーが生まれます。政府は原料の麦芽に税金をかけたんですね。高志さん、先日の、アイルランドでビールの原料の麦芽に高い税金が課せられたという話は覚えていますか？　課税から逃れるために、ギネスが発芽前の大麦をローストして使用したという」

「はい。それでギネスはすごく売れたんですよね」

「スコットランドの北部のハイランドという地域の方では課税を逃れるために密造して樽に貯蔵するという税金逃れを考えましたが、南部のローランドの方ではトウモロコシなどの穀物を使って、原料に麦芽を使わないグレーンウイスキーというものを考えたんです。そしてこの時期に焼酎のときにもお話しした連続式蒸留機が開発され、グレーンウイスキーは安く大量生産することが可能になりました」

「ということは、麦芽が原料のモルトウイスキーは本格焼酎のような個性が強い蒸留酒で、連続式蒸留機で造られたグレーンウイスキーは飲みやすい蒸留酒ということなのでしょうか」と絵里子さん。

「まさにその通りです。そして、本来なら日本のように、単式蒸留器で造った個性のあるモルトウイスキーと、飲みやすくて大量生産できるグレーンウイスキーが、例えば、先日お話しした日本の本格焼酎の『森伊蔵』と、レモンサワーなんかに使われる焼酎の『キンミヤ』のような関係になるはずだったかもしれないのですが、この二つのウイスキーを混ぜて、ブレンデッドウイスキーという新しいジャンルのウイスキーを造る人たちが登場したんです。そこで生まれたのが、ブレンダーという仕事であり、バランタインやジョニーウォーカーや、このシーバスリーガルという会社なんです。バランタインには伝説のジャック・ガウディというブレンダーがいたのですが、ある日彼がバランタインの原酒であるシングルモルトのプルトニーをテイスティングしていたところ、違和感のある香りがしました。そのとき、彼の今までの香りの記憶の中から、これはサクラソウなのではと思い、プルトニー蒸留所に電話をかけて『サクラソウの香りが混じっている』と伝えました。蒸留所の品質管理は厳しくしているし、サクラソウそのものがスコットランドではあまり見ることのできない草花だったので、プルトニー蒸留所の人たちはあり得ないことと感じたのですが、水源地を調べてみたところ、このサクラソウが生えていたそうです。ブレンダーの仕事を語るとき、必ず話題に出る話です。ブレンデッドウイスキーは生産が安定しているし、ブレンダーが洗練された口当たりの良い味と香りを目指したため、爆発的に売れるようになりました。だから、高志さんが今飲んでいる『シーバスリーガル12年』は、いろんな種類のモルトウイスキーとグレーンウイスキーがブレンドされたウイスキーなんです。先ほども言ったように日本の焼酎で言うと、『森伊蔵』と『キンミヤ』をブレンドしたようなものです」

「元々、麦芽が原料のモルトウイスキーというのがあって、そこにトウモロコシなんかが原料で大量生産可能なグレーンウイスキーというのができて、それをブレンドしたブレンデッドウイスキーというのができて、それが洗練されていてなおかつ生産や味わいが安定していたから、すごく売れたというわけですね」

「そういうことです。高志さん理解が早いですね。それで、モルトウイスキーを造る蒸留所ですが、彼らはブレンデッドウイスキー業者に、個性的なモルトウイスキーを卸す業者になったわけですね。しかしモルトウイスキーを造る人たちもそれで黙っていたわけではなく、シングルモルトとして、自分たちの蒸留所だけで造ったモルトウイスキーをボトルに入れて、売り出すことに積極的になりました。このシングルモルトはブレンデッドウイスキーと違い、蒸留所ごとに個性の違いがはっきりとあったので、今度はそちらにも人気が集まり、シングルモルトブームもやってきたというわけです」

「なるほど。焼酎の歴史とやっぱり似ていますね。飲みやすい銘柄で全国的に認知を得て、その後で個性的なものにも注目がいくという図式なんですね」と高志さんが言った。

「スコッチウイスキー」には欠かせないピート

「スコットランドのシングルモルトを簡単に説明します。まず二人の目の前にある『ボウモア』ですが、先ほど絵里子さんが言ったように薬っぽい香りが特徴的ですよね。これはアイラ島という小さな島のウイスキーです。高志さん、ビールの説明のときに、麦芽の話をしましたよね」

「はい。麦を一度発芽させるんですよね。その後、乾燥させるんでした」

「そうです。この発芽した麦、麦芽を乾燥させるのに、スコットランドでは泥炭を使うんですね。泥炭を英語でピートと呼びます」

「マスター、すいません！　このピートってすごくよく聞くじゃないですか。今、ピートは泥炭の英語のことって言いましたが、泥炭って何ですか？　どうして麦芽を乾燥させるのに使うんですか？」と高志さん。

「わからなければすぐに質問、すごく良

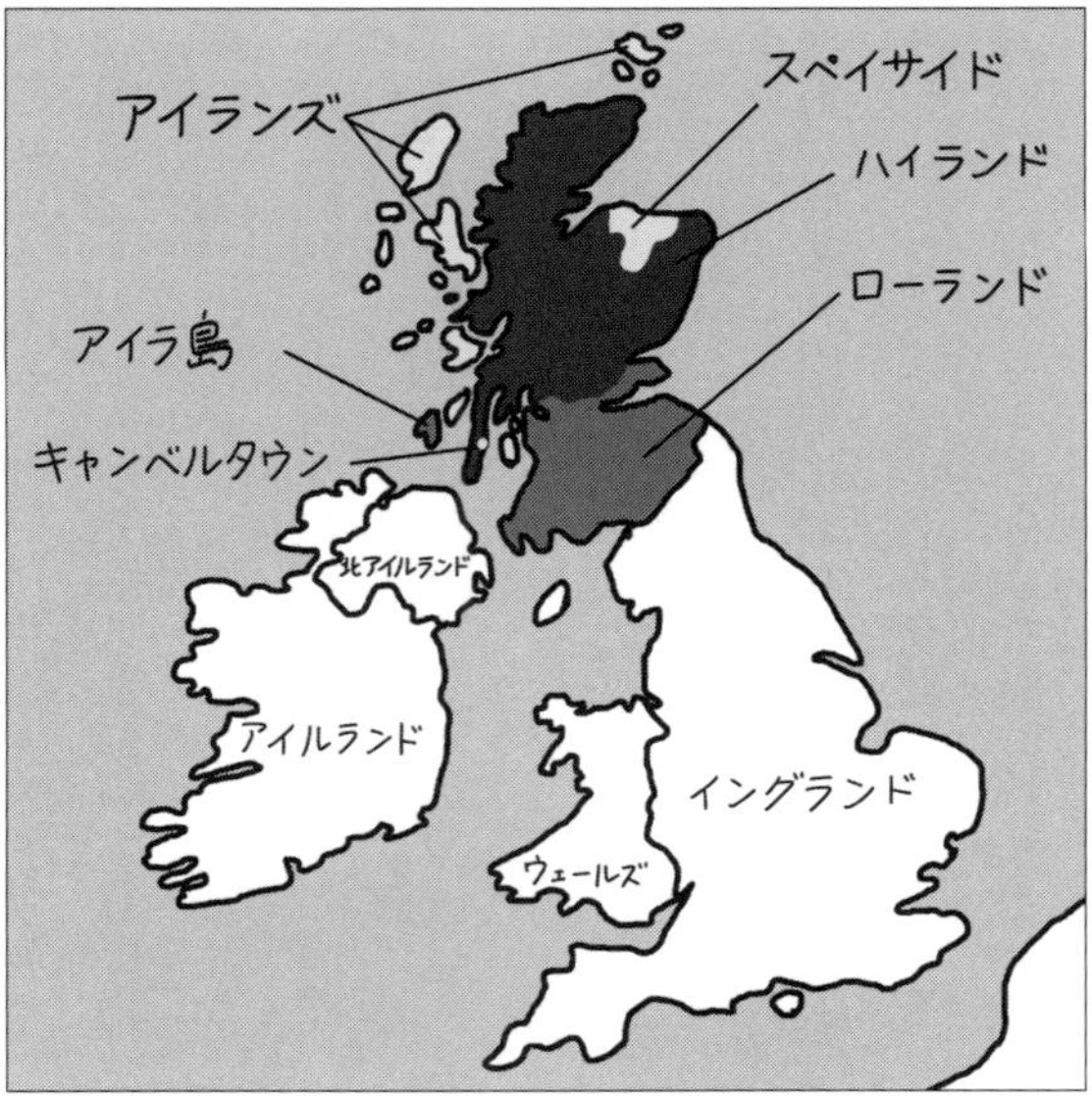

いですね。『このウイスキーはよくピートがきいている』っていうような言いかたを耳にしますよね。泥炭というのは、文字通り泥状の炭のことなんですね。枯れた木や植物は普通は土の中で分解されてしまいますが、寒い地域だと完全には分解されないで有機物として泥の中に残ってしまうんです。それを寒い地域では乾かして燃料としてよく使うんです。スコットランドでは麦芽を乾燥させるのに燃料の木材なんかがなくて、この泥炭を使っていたんですね。泥炭を燃やすと独特の香りが麦芽につくんです。それをピート香と呼ぶわけです」

「元々は、燃料がなくて泥の炭を使っていたのが、逆に良い香り付けになったんですね」

絵里子さんが言った。

「はい。ちなみに最近はスコットランドの泥炭地が商業利用で枯渇してしまう恐れがあるため、この泥炭地を守ろうという動きがあります。さて、このアイラ島の泥炭、ピートには、潮風がもたらした海産物がたくさん入っているんです。そんな潮の香りたっぷりの泥炭を燃やして乾燥させた麦芽は、先ほど絵里子さんが言ったように、まるで薬のような香りがするというわけです。この薬のような香りをヨード香と呼びます。このヨード香がすごく強いことで有名な蒸留所がラフロイグです。シングルモルトウイスキーとして初めて英国王室御用達の認定を受けています。そしてこのボウモアです。創業は1779年で、アイラ島で一番古い歴史がある蒸留所です。ここのウイスキーはアイラ独特のヨード香もありますが、フルーティーさも魅力的です。スコッチウイスキーの産地でアイラ島の次に有名なのはスペイサイドという地域です。ここにはスペイ川が流れていて、麦もとれるし、美味しい水や泥炭も豊富にある場所なんですね。それで自然とスコットランドでも代表的な蒸留所が集まりました。フルーティーで華やかな香り、バランスのとれたウイスキーを造る有名な蒸留所が集まっています。シングルモルト初心者の人は、まずスペイサイドのものから始めるといいと思います。この地域で一番有名なのはマッカラン蒸留所です。『ザ・マッカラン』はイギリスの老舗百貨店ハロッズ発行のウイスキー読本で『シングルモルトのロールスロイス』と評されていますよ。グレンフィディック蒸留所もすごく有名です。『グレンフィディック』は世界でもっとも飲まれているシングルモルトのひとつとして知られています。他にもスコットランドには、ハイランド、ローランド、キャンベルタウン、アイランズといった地域があります。それぞれのエリアにある蒸留所に特徴があるので、旅して飲んでみるのも面白いですよ」

「いつか行ってみたいね、絵里子」

「そうだね」

移住者たちが造りはじめた「アメリカンウイスキー」

「はい。ではここで、お二人にはこちらのウイスキーを飲んでいただきます」

私はそう言うと、グレンケアンのグラスに『山崎』と『メーカーズマーク』を注ぎ、二人の前に出した。

「絵里子さんの方が『山崎』、ご存じ日本のウイスキーで、高志さんの方が『メーカーズマーク』というアメリカのバーボンウイスキーです。どうぞ」

「うわ、ちょっと甘い香りもするし、ふくよかで美味しいです」と絵里子さん。

「僕の方も甘い香りがしてコクがあります」と高志さん。

「どちらも先ほど飲んだスコッチとは違いますよね」

「すごく違います」と声をそろえる二人。

「では、アメリカのウイスキーの歴史を少しだけお話ししますね。ご存じのように、アメリカにはアイルランドやスコットランドからの移民がたくさんいました。彼らは最初はライ麦でウイスキーを造っていたようです。その後、アメリカはイギリスと独立戦争をして、アメリカ合衆国になります。そんなとき、アメリカ政府がやっぱり酒に課税したんです。その課税を嫌ったウイスキーを造っていた人たちが、西に向かい、ケンタッキー州やテネシー州でウイスキー造りを始めました。この辺りは土地が痩せていたからなので

しょう、トウモロコシをメインの原料にしてウイスキーは造られました。バーボンウイスキーと呼べる条件はいくつかありますが、トウモロコシを51%以上含んでいること、内側を焦がしたホワイトオークの新樽で熟成させていること、というこの二つを知っておいてください。この『メーカーズマーク』のほかに、有名なところでは『ジムビーム』や『I.W.ハーパー』、『フォアローゼズ』なんかがありますね。ちなみにケンタッキー州バーボン郡で造られたウイスキーをバーボンと呼ぶと言う人がたまにいますが残念ながら間違いです。実は現在ではケンタッキー州バーボン郡に蒸留所は存在しません。西部開拓時代に、ウイスキーが出荷される港がバーボン郡にあったため、『バーボン郡出荷』という刻印が樽につけられるようになり、バーボンウイスキーという呼び方が定着したようです。そしてこのバーボン、つづりは『BOURBON』ですよね。フランス語読みだとブルボンです。独立戦争のときに、フランスがアメリカを支援してくれたことに感謝して、第3代アメリカ大統領のトーマス・ジェファーソンがブルボン王朝の名前をとってバーボンと名付けたそうです」

ここで、高志さんがすかさず反応した。

「またトーマス・ジェファーソンが出てきましたね。フランス好きだったんだ」

「面白いですよね。さて、テネシー州では有名な『ジャックダニエル』というウイスキーが造られていますが、こちらはテネシーウイスキーと呼ばれます。バーボンウイスキーの条件に加え、テネシー産のサトウカエデの炭でろ過したものだけをテネシーウイスキーと呼びます。その製法をチャコール・メローイング製法と呼び、他のバーボンウイスキーよりも雑味がなくまろやかな味わいにしています」

「なるほど。ろ過することでまろやかな味わいになるんですね」と高志さんが言った。

「では次に樽の話をします。バーボンウイスキーの条件のひとつは、ホワイトオークの新樽を内側から焦がしたもので熟成させると言いましたよね。新樽、つまり新しい樽ですよね。実は先ほど話したスコッチウイスキーはほとんどが一度別の酒を貯蔵するのに使用された古樽を使っているんです」

「中古品の樽を使っているんですか？」

高志さんが質問した。

「はい。スコッチウイスキーは樽材の影響を受けすぎるので新樽は使いません。以前はシェリーが入っていたシェリー樽をメインに使っていたのですが、スコッチの生産が増えてシェリー樽が少なくなってきたため、アメリカのバーボン樽を使うようになり、今ではスコッチの90％がバーボン樽を使って造られています。高志さん、この『メーカーズマーク』、甘くてバニラの香りがしますよね。これは樽の内側を焦がしていて、その香りがウイスキーに溶け込んでいるんです。そしてバーボンの色が濃いのも、新樽のせいなんです」

「確かにこの『メーカーズマーク』、すごく色が濃いです。でも、マスター、ウイスキーって熟成期間が長ければ長いほど、色が濃くなっていくって聞いたんですけど違うんですか？」と絵里子さん。

「すごくいい質問ですね。原則的には熟成期間が長ければ、樽の色が染み出て濃くなるのですが、ウイスキーの色の出方には他にも理由があるんです。例えば、ボルドーのワインを熟成させた樽がありますよね。そのワインを入れていた樽をスコットランドのシングルモルトの蒸留所が買い取って、その樽でウイスキーを熟成させることがあるんですね」

「え？　そんなことするんですか？　だって赤ワインを入れていた樽にウイスキーを入れたら、そのウイスキーに赤ワインの匂いがついちゃいますよね」と高志さん。

「そうなんです。それをあえてやっているんです。ワインを入れていた樽にウイスキーを入れると、その樽に染みついていたワインの成分がウイスキーに溶け込みます。ワインの香りも移れば、色も移るというわけです。シェリー樽でウイスキーを熟成させた場合と比べると、元のシェリーの色よりも赤ワインの色の方が濃いですから、ワイン樽で熟成させた方が色が濃くなります」

「なるほど。赤ワインが入っていた樽で熟成させるとワインの香りも色もウイスキーに移るから、ウイスキーの色も濃くなるんですね」と絵里子さん。

「そうです。あと実は着色料も使っていることがあります」

「え？　ウイスキーって色をつけてもいいんですか？」と驚く高志さん。

「はい。スコットランドでも日本でも、カラメル色素を使ってもいいことになっています。でもこれを加えたからといって、ごく微量なので、味や香りには影響しないと言われています。一方、この色素を入れていないウイスキーは、こだわりをもって『ノンカラー』とラベルに表示していることもあります。ちなみにアメリカではカラメル色素で色づけすることが法律で禁止されているので、ほとんどの銘柄がノンカラーです。だから熟成年数が長ければ長いほど色が濃いというのは一概には言えないですね」

「勉強になりました」と二人。

今、「ジャパニーズウイスキー」が熱い！

「さて次は『山崎』です」

「マスター、よく『山崎』が手に入りましたね」

「若い高志さんにそう言われると感慨深いものがあります。私はバーテンダーという仕事を30年近くやっているのですが、バーテンダー修行を始めた1990年代の半ばは、『山崎』のような日本のウイスキーはあまり人気がありませんでした。たまに年輩の経営者のような人で国産びいきの人が飲むようなイメージでした」

「マスターがバーテンダー修行を始めた頃はどんなウイスキーが流行っていたんですか？」と聞く絵里子さん。

「私がバーテンダー修行をしていた頃は、もう毎日のようにハーパーソーダをたくさん作っていました」

「え？　ハーパーですか？　バーボンですよね」

意外そうな表情を見せる絵里子さん。

「はい。私は当時25才だったのですが、少し上の世代の人たちにとってはバーボンウイスキーを飲むのがお洒落だったんです。本物のバブルを謳歌《おうか》した世代といいますか、1950年代生まれ、今だと60代から70代にかかるあたりでしょうか。その前の世代の人たちが『ジョニーウォーカー』のようなスコッチの高級ブレンデッドウイスキーを飲んだり、ダルマと呼ばれるサントリー『オールド』の水割りを飲んだりしていたのを、彼らの世代が古くさいと感じて、自由で新しい雰囲気のあるバーボンウイスキーをバーで好んで飲んだんです。ジーンズを普通に履いて、アメリカの文学やロックや映画を楽しんだ世代ですね。そういう世代にとってみれば、アメリカのバーボンをバーでオン・

ザ・ロックやソーダ割りで飲むのはすごくお洒落だったんです。そんな時代に日本のシングルモルトである『山崎』は、どこかおじさん臭いという風にとらえられたんだと思います。でも今、時代は完全に日本のウイスキーですよね。私のバーでも若い人であればあるほど、『日本のウイスキーは何がありますか？』と聞きます。さらに今は外国からのお客さまも多いので、本当に日本のウイスキーは人気がありますね」

「やっぱり朝ドラの『マッサン』の影響が大きいんですか？」

「高志さん、よく知っていましたね、そのドラマ。私がバーのカウンターの中にいた実感としては、あのドラマのあたりからウイスキーがおじさん臭く思われなくなった気がしますし、その後のハイボールブームでウイスキーという飲み物を日本の若い人たちが再発見したのもあると思います。そして、味わいという要素も大きいと思います。それでは『マッサン』の話も出たので、日本のウイスキーの歴史を話しますね。まず、日本に初めてウイスキーを持ち込んだのは幕末の黒船だそうで、１８５３年『ペリー提督が浦賀沖で、幕府の通訳や与力らを接待してウイスキーを振る舞った』と記録が残っています。その前にペリーは琉球にも立ち寄っていて、ここでもウイスキーを振る舞っているのですが、そこでペリーが振る舞ったウイスキーは『スコッチやアメリカのウイスキー』と記録されているようです。さて、ペリーが当時の琉球や日本で振る舞ったウイスキーはどんなウイスキーだったのか。土屋守さんというウイスキー評論家の方がこんな風に推測しています。『ペリーがアメリカを出発したのは１８５２年。ブレンデッドウイスキーが誕生したのは１８５３年だから、ペリーの船が積んでいたスコッチは今でいうモルトウイスキーだったと考えられる。アメリカのウイスキーの方は、当時、バーボンウイスキーは産業としては未発達で、ペリーはノーフォークから出港したことを考えると、アメリカ東海岸で造られていた、現在のライウイスキーに近いものだったのではないだろうか』。ライウイスキーとはライ麦を主原料としたウイスキーのことです。こういう考察を読むと、なるほど、幕末のあの時代はちょうどスコットランドではグレーンウイスキーが造られ、ブレンデッドウイスキーが発明される時期で、アメリカの方ではまだそんなにバーボンウイスキーが流行っていなかったことがわかりますね」

「世界ってちゃんと繋がっていてすごく面白いですね」と絵里子さんが言う。

「では歴史の話です。１９１１年小村寿太郎がしたことといえば何でしょうか？」

「欧米列強との不平等条約である関税自主権を回復したことです」と高志さんが答えた。

「素晴らしいです。この関税自主権を回復する前までは、自由に関税率が決められなかったから、欧米からの輸入品が欧米側にとって都合の良い低い関税率で入ってきていたんです。もちろんウイスキーもそうでした。しかし関税自主権が回復し、輸入ウイスキーの関税率が高くなったことで、ウイスキーは突然高級化して、日本産のウイスキーを造ろうという動きが出てきました。ここで登場するのがマッサンこと竹鶴政孝です。最初は大阪の摂津酒造でイミテーションウイスキーを担当していました。当時、ウイスキーの製造法は門外不出だったようで、日本国内であれこれとウイスキーに似た酒を造っていたようです。摂津酒造は1918年に本物のウイスキーを学ばせるために竹鶴政孝をスコットランドに留学させます。彼は渡英後、グラスゴー大学や王立工科大学で学び、複数の蒸留所での実習を経て、妻となったイギリス人女性のリタと帰国しました。ウイスキーを造ろうと胸をふくらませていたのですが、摂津酒造にはウイスキー新規事業に取り組む余裕がなかったため退社します。その時期、『赤玉ポートワイン』の爆発的ヒットで会社を大きくしていた現在のサントリーである寿屋の鳥井信治郎が国産本格ウイスキー造りを実現するため、スコットランドのボーア博士に来日してもらおうと連絡したところ、『日本には竹鶴政孝がいる』と言われ、竹鶴政孝を雇い入れることになりました」

「スコットランドのウイスキー界でも知られるほど竹鶴政孝は優秀だったんですね」と絵里子さん。

「そのようですね。そして、今、高志さんが飲んでいる『山崎』の蒸留所が造られました。ちなみにウイスキーは造ってから樽で熟成させる必要があるので、すぐには発売されません。今でも日本で新しい蒸留所ができていますが、最初のうちはすぐに発売できるジンやスピリッツを販売してウイスキーの原酒が樽で熟成されるまでの間をしのいでいるようですね。そして1929年、日本産初のウイスキー『サントリーウヰスキー』が発売されました。白いラベルから『白札』と呼ばれていました。このウイスキーはスモーキーフレーバーが強く当時の日本人の口には合わず、残念ながらそんなには売れなかったようです。その後、竹鶴政孝は、サントリーを退社して、1934年北海道の余市に蒸留所を造りました。後のニッカウヰスキーの始まりです。1937年に、サントリーは『角瓶』を発売しました。この角瓶は日本人に大きく受け入れられました。その後、第二次世界大戦が始まります。幸運なことに山崎蒸留所で貯蔵されていたウイスキーの原酒は戦争の被害にあいませんでした。この原酒を元にした『サントリーウイスキーオールド』が１９５０年に発売されました。発売当初のオールドは『出世してから飲む酒』と言われていたそうなのですが、その後日本は高度経済成長があり、サントリーの営業マンが和食の店やスナックに営業をかけ、『ボトルキープ』という日本独特の習慣を定着させたこともあり、１９７０年代になるとこのオールドは日本で大ヒットしました。私の父も晩酌でこのオールドを水割りにして飲んでいたのを覚えています。その後、ウイスキーの消費は少しずつ減っていくことになります」

「どうしてですか？」

高志さんがすかさず質問をした。

「これは１９８０年代からの焼酎ブームが原因だと思われます。当時はウイスキーには高い税金がかけられていて、若い消費者は安い焼酎の方に流れてしまいました。先ほど申し上げたチューハイブームです。その後は、１９８９年に酒税法が改正され、外国の高かったウイスキーが日本人にとってすごく身近なものになり、スコットランドのシングルモルトのようなマニアックなウイスキーファンの間で注目されるようになります。同時に、日本のウイスキーメーカーも高級路線のウイスキーを発売し、2000年以降は、日本ウイスキーが海外のコンテストで受賞するようになりました。それでもウイスキーの売り上げそのものはなかなか伸びなかったのですが、2008年のハイボールブームから、日本の若者がウイスキーを飲むようになり、日本ウイスキーの味そのものの良さにも気づきました。私は、現在日本ウイスキーが日本の若者の間や海外でも評価されているのは、単なるブームではないと考えています。日本の酒造りの姿勢がやっと本格的に評価され始めているのだと思います」

「日本のワインやビール、焼酎なんかが海外で評価されているように、日本のウイスキーも評価されているというわけですね」

絵里子さんは嬉しそうに言った。

「カナディアンウイスキー」と「アイリッシュウイスキー」

「そう思います。さて最後に他の国のウイスキーも簡単に紹介します。こちらはカナダのウイスキー、『カナディアンクラブ』で、こちらはアイルランドのウイスキー、『ジェムソン』です」

私はそう言うと、グレンケアンのグラスに注ぎ、絵里子さんの前に『カナディアンクラブ』を、高志さんの前に『ジェムソン』を置いた。

「うわあ、これは、なめらかですごく飲みやすいですね」と絵里子さん。

「こっちはちょっと濃いですね。香りは甘いですがふくよかです」と高志さん。

「さてまずカナディアンウイスキーについて説明します。アメリカが独立戦争をしましたが、アメリカの独立を望まないイギリス系の農民たちもいたんですね。その人たちがアメリカからカナダに移り、ライ麦を中心としたウイスキーを造り始めました。カナディアンウイスキーが躍進したのは1920年から1933年までのアメリカの禁酒法時代です。禁酒法以前、アメリカはアイリッシュウイスキーをたくさん輸入していたのですが、禁酒法で輸入禁止となったので、アイルランドからのウイスキーは入ってこなくなりました。もちろんカナダからの輸入も禁止なのですが、カナダとアメリカの間には長い長い国境線がありますから密輸が簡単だったのです。当時、カナディアンウイスキーはアメリカで売れに売れ、一説によると当時のカナダの国家収入の3割がウイスキー産業からのものだったそうです。カナディアンウイスキーのほとんどは、ベースウイスキーというトウモロコシなどを原料にした連続式蒸留機で蒸留したくせのないウイスキーに、フレーバリングウイスキーというライ麦

などを原料にした連続式蒸留機で蒸留したライ麦特有のオイリーでスパイシーなフレーバーを持つウイスキーをブレンドしています。他の国のウイスキーにない特徴は、ワインやラムをブレンドして風味付けしていいことになっていることです。まあとにかく飲みやすいウイスキーなんです」

「国家の収入の3割がウイスキー産業からって、アメリカの禁酒法の影響ってすごいですね」と絵里子さん。

「そうですよね。政府の法律で酒は変わりますね。では次にアイリッシュウイスキーについて説明します。先ほど申し上げたように、スコットランドとどちらが先なのか論争になっていますが、アイルランド人はウイスキーはアイルランドで始まったという誇りを持っています。アイリッシュウイスキーは泥炭を使って麦芽を乾燥させていないのでいわゆるピート香というものがありません。麦芽を使って単式蒸留器で3回蒸留したモルトウイスキーと、発芽していない大麦やトウモロコシを使って連続式蒸留機で造ったグレーンウイスキーをブレンドしたウイスキーが主流です。発芽していない大麦を使うため穀物の味わいがするのが特徴的です」

「この『ジェムソン』ってカフェでよく見かけますが、アイリッシュコーヒーに使われるからですよね」と絵里子さん。

「よくご存じですね。アイリッシュコーヒーは名前の中にウイスキーや酒に関する言葉が入っていないので、たまにコーヒーの一種だと思っている人がいますが、コーヒーを使ったカクテルですね。１９４０年頃、アイルランドの空港のバーで、乗り継ぎの飛行機を待つ乗客たちに温まってもらおうと考案されたそうです。ホットコーヒーに砂糖とアイリッシュウイスキーを入れて、たっぷりと生クリームをのせたものです。生クリームの上にシナモンやナツメグやクローブなどスパイスをかけるともっと複雑で楽しい飲み物になりますね」

「うわあ。寒い冬に飲んでみたい」と目を輝かす絵里子さん。

世界最大のウイスキー消費国インド

「そして今、世界で注目されているのがインドのウイスキーです」

「え？　インドにウイスキーがあるんですか？」

驚く高志さん。

「はい。インドは実は世界最大のウイスキー消費国なんです。でもインドで造られているウイスキーの原料は先日焼酎の説明で話した廃糖蜜という砂糖を作ったときにでてくる糖分なんですね。EUではウイスキーは穀物を原料とする蒸留酒を木の樽で熟成させたものとされているので、このインドのウイスキーはEU内でウイスキーとして売れなくて、ほとんどがインド国内で消費されています。だから、世界であまり知られていないんです。でも最近はシングルモルトも造られていて、世界で評価されています。インドのウイスキーもこれから注目すると面白いですね」

「へぇえ。面白いですね」と高志さん。

「はい。世界のウイスキーを集めて飲み比べるのも面白いかも知れないですね」

果実から造る蒸留酒「ブランデー」

私は次に、『ブラー グランソラージュ』と、『ヘネシー V.S』を、それぞれリーデルのブランデーグラスに注ぎ、二人の前に出した。

「絵里子さんの方がカルヴァドスというリンゴのブランデーで、高志さんの方がフランスのコニャック地方の『ヘネシー』という銘柄のブランデーです。とりあえずお飲みください」

「うわあ。色はウイスキーみたいな茶色なのに、リンゴの華やかな香りがして、アルコールが強いけど飲み口はやわらかくて美味しいです」と絵里子さん。

「さっきまでスモーキーキーで荒々しいウイスキーを飲んでいたからか、ほんとまろやかで、コクもあって、アルコールは強そうなのに、すごく飲みやすいです」と高志さん。

「先ほどまでのウイスキーと、飲んだときの印象がすごく違いますよね」

「マスター、気になっていることはすぐに質問するタイプなのですが、ブランデーってお金持ちのおじさんが、グラスの足のところを持たずに、手で包み込んで持って、回しながら飲んでいるイメージがあるのですが、それってどうしてなんですか？」

「気になったらすぐに質問、すごくいいですね。ブランデーって、私のような古い世代は特に石原裕次郎のようなタイプのお金持ちが、高志さんが言ったようにグラスを手で包み込んで持って、葉巻を吸いながら、グラスを回して飲むっていうイメージですよね。それ

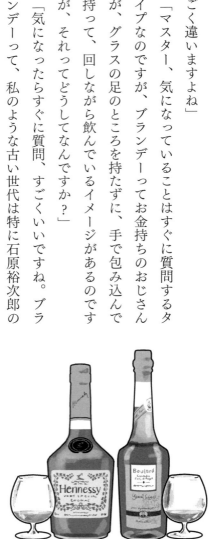

がブランデーなんです」

「それがブランデー？」

「葉巻はすごく高価で香りを楽しむものですよね。ブランデーも基本的には香りを楽しむものです。ワインのグラスを持つときはグラスの足の部分を持つって説明しましたよね。それはワインの温度を高くしないためなんです。逆に言うと、ワインの温度が冷たいと感じたら、グラスを手で包み込んでワインを手の温度で温めながら飲みます。そしてブランデーは最初からグラスを手で包み込んで飲みます。これは、手の温度で温めて香りを空気中に拡散させているんです。ブランデーは香りを楽しむものなんです。高志さんも試しにそのグラスを手で包み込んで回してもらえますか？」

「はい。これでいいんですよね。ほんとだ。すごく香りが立ち上がってきました」

「その香りを楽しみながら、口に酒を注ぎ込んで味わうのがブランデーです。もちろんウイスキーや焼酎をそんな風に楽しむのもいいし、別に酒の飲み方の決まりなんてないのですが、まあ世界的にはこれがブランデーの楽しみ方ですね。ちなみにフレンチレストランで、食後の４Ｃと呼ばれるモノがありまして、コニャック（Cognac）と葉巻

(Cigar) とコーヒー(Coffee) とチョコレート (Chocolate) です。どれも頭文字がCなんです」

「4Cですか。チョコレートもそこに入るんですね。大人な感じがしてカッコいいですねえ」と高志さん。

「マスター、このカルヴァドスですが、リンゴのブランデーっていうことは、シードルを蒸留したものなんですよね？」と絵里子さんが聞く。

「そうです。ブランデーとは、果物の蒸留酒のことなんです。高志さんが飲んでいる『ヘネシー』はブドウからワインを造って、それを蒸留したもので、コニャックという種類です。カルヴァドスはリンゴからシードルを造って、それを蒸留したものです。他にもサクランボを醸造して蒸留したキルシュという種類の酒もあります。ブドウが原料のブランデーは、もちろんワインが造られるところではどこでも造られています。南米のペルーやチリにはピスコというブランデーがありますし、もちろんシャンパーニュやボルドーにもブランデーはあります。でも世界で一番有名なのが、高志さんが飲んでいるコニャックです。フランスの南の方にコニャック地方という場所がありまして、そこで造られたブドウのブランデーです。『ヘネシー』も有名ですが、『カミュ』や『レミーマルタン』といった銘柄も有名です」

「『カミュ』も『レミーマルタン』も聞いたことあります」

高志さんが嬉しそうに言う。

「銀座のクラブでボトルで注文するとすごく高いイメージですよね。フランスなのでコニャックにはやっぱり格付けがありまして、熟成年数によってランク分けされています。V．S．(Very Special) は最低2年、V．S．O．P．(Very Superior Old Pale) は4年、X．O．(Extra Old) は最低10年、熟成したものです。『ヘネシー』のX．O．は2万円以上しますが、『シーバスリーガル』の12年は3000円台で買えます。同じ熟成期間のウイスキーと比べたらコニャックの方がすごく高いですよね。まあ原材料の穀物よりブドウの方が高いのが原因だとは思いますが、コニャックの方が高級なイメージがあるのも、この値段と関係がありそうです。そしてグラッパとマールという種類のブランデーも知っておくといいです。ワインを造ったときに搾りかすが残るんですね。その搾りかすを蒸留したものをイタリアではグラッパ、フランスではマールと呼びます。搾りかすなのでブドウ独特の臭みがありますが、癖になるとそれが美味しく感じてきます。元々は庶民のための安い蒸留酒だったのですが、今は高級なグラッパやマールも造られていますよ」

「安いブランデーもあるんですね」と高志さん。

「さて、カルヴァドスです。リンゴを原料にしたブランデーも実は世界中で造られています。日本だとニッカのアップルブランデーが有名ですし、アメリカにもあります。アメリカではアップルブランデーはアップルジャックと呼ばれています。世界6大カクテルの中にジャック・ローズというアップルブランデーを使ったカクテルがあるのですが、そのカクテルの名前は、このアメリカでのアップルジャックという呼び方からきています。さて、今絵里子さんが飲んでいるのはカルヴァドスというアップルブランデーです。フランスにノルマンディー地方というところがあり、そのカルヴァドス県で造られたものだけがカルヴァドスと名乗ることができるのです」

「ノルマンディー上陸作戦！　第二次世界大戦の末期に、連合軍がノルマンディーの海岸に上陸して、そこからドイツの負け戦が始まったんですよね」

興奮気味の高志さん。

「それですね。ノルマンディーってイギリスのすぐ向かい側で、フランスの北西部なので寒くてブドウが育たなくて、リンゴを育ててシードルを造っている地域なんです。そのシードルを蒸留したのがカルヴァドスです。ちなみに洋ナシも30％まで混ぜていいと決まっています」

「洋ナシも混ぜていいんですね」と絵里子さんが言う。

「はい。洋ナシを混ぜると味が整うようですね。今、飲んでいるのはブラーという造り手のものですが、他にもビュネルやモラン、ルモルトンといった造り手のものも日本で手に入りやすいです。良いリンゴが収穫された年に造られる、古いヴィンテージのカルヴァドスも他の蒸留酒と比べて比較的安く手に入るので、フランス旅行中に買ってお土産にすると喜ばれますよ。ブランデーなので、こんな風にストレートで飲むのが一般的ですが、炭酸で割って飲んでも美味しいです。個人的に私は他のバーに行ったらよくカルヴァドス・ソーダを注文します。ノルマンディー地方はカマンベールチーズも名産なので、合わせるとすごく美味しいですよ」

「おおお、試してみたいです」と高志さん。

その後しばらく酒を楽しむと、二人はお会計をすませ、夜の渋谷へと消えた。

ボタニカルで香りづけした蒸留酒「ジン」

夜の7時、いつもの二人が「今夜もよろしくお願いします」と頭を下げながら入ってきた。

私は二つのショットグラスに『ビーフィーター』と『ストリチナヤ』を注ぎ、それぞれを二人の前に出して、こう説明した。

「絵里子さんの方が『ビーフィーター』という銘柄のドライジンで、高志さんの方が『ストリチナヤ』というウオッカです。どうぞ」

「うわー。キリッと引き締まっていますね。いろんなハーブの香りもします」と絵里子さん。

「僕のは、なめらかでコクがありますね。少しだけ甘さもあります」

「二人とも表現がさすがですね。さて、こちら『ビーフィーター』のラベルですが、これはイギリスの近衛兵ですよね。このジンの名前はビーフ・イーター、牛肉を食べる人です。昔、国王主催のパーティーの後で、残った牛肉を、警護をした近衛兵たちが持って帰ることができたことから、彼らはビーフィーターと呼ばれているそうなんです。そんな長年にわたって王家を守り続けている姿が、伝統のオリジナルレシピを受け継いできたビーフィーターブランドの象徴となっているというわけです」

「ええと、ジンにオリジナルレシピっていうのはどういう意味なんですか？」

　高志さんが質問をする。

「すごく良い質問ありがとうございます。ジンはま

ず、糖蜜や穀物から蒸留酒を造るところから始まります。まずアルコール度96％前後の蒸留酒を造るんですね。そこにジュニパー・ベリーというネズの実を中心に、いろんなハーブやスパイスなんかを漬け込みます。これらの草根木皮《そうこんもくひ》をボタニカルと呼ぶのですが、アンジェリカやカルダモンやレモンの皮やコリアンダーやラベンダーといったいろんなものがあります。最後に、ボタニカルを漬け込んだものをまた蒸留して水を加えたものをジンと呼びます。そして、ジンには『タンカレー』とか『ボンベイ・サファイア』といったいろんなブランドがありますが、それぞれのブランドによって、ボタニカルに何を使うか、つまり、どんなレシピなのかっていうのが違うんですね。そしてこの『ビーフィーター』はオリジナルレシピを守り続けているというわけなんです」

「なるほど。ジンはいろんなハーブやスパイスが入っているんだけど、それが各ブランドによって、いろいろとレシピが違うということなんですね」

「はい。そこがジンの面白さなんです。ジンは元々は、オランダで利尿効果のあるジュニパー・ベリーを漬けた薬として開発されました。ところが、薬としてではなく、酒としてオランダで人気となります。これをオランダ商人たちが世界に広めたのですが、イギリスで流行るきっかけになったのは名誉革命で、1689年にオランダのウイリアム3世がイングランドの新国王となったことです。この時期、イギリスの上流階級は、フランスから輸入されたワインやブランデーや、自国のビールを飲んでいたのですが、これらは関税が高くて庶民はあまり飲めませんでした。プロテスタントのウイリアムは、フランスのカトリックのルイ14世に敵対するため、フランスのブランデーを輸入禁止にして、イギリス国内の穀物から造られた蒸留酒にかける税金を減らしました。この蒸留酒は度数も強いしビールよりも安かったんです。そんな安い蒸留酒がイギリスで大ヒットし、庶民もこれを飲めるようになったのですが、質の悪い穀物を使っていたので、かなり味にクセがあったんですね。そのクセをごまかそうとして、ジュニパー・ベリーや他のボタニカルを加えることになり、イギリスでドライ・ジンと呼ばれる蒸留酒が発展、定着したというわけです。つまり、イギリスで誕生した製法で造られるジンをドライ・ジンと呼ぶのです。このドライ・ジンは後にギムレットやマティーニなんかのカクテルのベースの蒸留酒としてアメリカで使われ、全世界に定着することになります」

「お酒って、毎回、政治や税金に振り回されて発展しますね」と高志さん。

「人間って、酒って、面白いですよね」

「マスター、今はクラフトジンがすごく流行っているってよく聞きますけど、クラフトジンって結局はどういうジンなんですか？」と絵里子さんが質問した。

「クラフトジンという言葉そのものには定義はないのですが、2010年代半ばから、地元でとれた様々なものをジンのボタニカルに自由に使うっていうのが流行り始めたんですね。例えば有名な京都蒸留所がわかりやすいのですが、柚子や山椒や玉露といった和の素材がボタニカルに使われているんです。小さい蒸留所がこのように、世界の様々な場所で、その土地ならではのボタニカルを使い個性あるジンを造り始めて、それをクラフトジンと呼ぶことになったというわけです」

「なるほど。面白いですね」と絵里子さん。

穀物やイモ類の蒸留酒「ウオッカ」

「さて次はウオッカです。今、目の前にあるのは『ストリチナヤ』で、ロシア語で『首都の』という意味のウオッカです。1901年にモスクワで造られ始めたのでこんな名前なのですが、現在はロシアのイルクーツクやラトビアの工場で造られています」

「ウオッカってこんな風なショットグラスで、ロシア人がぐいぐい飲んでいるイメージなのですが」

高志さんが勢いよく飲むまねをした。

「そうですね。うちの常連のロシアに住んでいた人から聞くと、人が集まるとすぐにグラスを出してきて、『健康のために』とか『平和のために』とか、なにかと『何かのために』と言って、みんなでウオッカの入ったグラスを空けるそうですよ。でもその方の話だと、ロシア人女性はそんなにはウオッカは好まなくて、基本的にはワインを飲むそうです。元々ロシア人はフランス好きだからでしょうかね」

「みんなで乾杯して、キュッと飲み干すイメージはあっているんですね」

「はい、高志さんの想像の通りです。さてこのウオッカですが、ポーランドとロシア、どちらが起源なのか、今でも論争中なんです」

「アイルランドとスコットランドもウイスキーはどちらが起源なのか論争しているんでしたよね」と高志さんが言う。

「はい。隣の国同士が起源争いをすることって、よくあるようですね。このウオッカ、例えばポーランドでは『ズブロッカ』という、バイソングラスという草を漬け込んだウオッカが有名ですし、フィンランドの『フィンランディア』や、スウェーデンの『アブソルート』も人気があり、東ヨーロッパのあの辺りでは一般的な蒸留酒なんです。ウオッカの原料は麦などの穀物やジャガイモですが、できるだけクリアで飲みやすいものが求められ、1810年にロシアで蒸留後の原酒を白樺の炭でろ過する方法が開発され、その後、連続式蒸留機も導入され、今の飲みやすいウオッカが完成しました。このウオッカ、想像ですが、そのままだったら日本の焼酎のような、国内で消費される蒸留酒として、今でも東ヨーロッパ周辺だけで消費されていたはずなんです。しかし世界に知られるきっかけがあったのです。1917年のロシア革命です」

「おお！　来た、政治！」と高志さんがすぐに反応した。

「ロシア革命で亡命したヴラジミール・スミノフがパリで小規模ながらウオッカの製造を始めました。そして、アメリカで1933年に禁酒法が廃止されると、アメリカに亡命したロシア人ルドルフ・クネットが、ウオッカを売り出そうとし、パリを訪れスミノフから商標権と木炭によるろ過技術を買い取って、コネチカット州で小さな蒸留所を始め『スミノフ』という名前で売り出しました。『スミノフ』は帝政ロシアの宮廷で好まれていた有名なウオッカでした。この『スミノフ』、最初はそんなには売れなかったようなのですが、大手の傘下に入り、『スミノフのホワイトウイスキー、無味無臭』と宣伝したところ、少しずつ売り上げが伸びました。その後、カクテルのベースの蒸留酒として、このクセのないウオッカというスピリッツはアメリカ人に大きく受け入れられ、1974年には消費量がバーボンウイスキーを追い抜き、アメリカの蒸留酒のトップの座になりました」

「ええ！　バーボンよりも飲まれているってすごいですね」と驚く高志さん。

「意外ですよね。私はバーテンダーをやっているので、いろんな国を経験した人に、『その国ではみんなどんな酒を飲んでいますか？』っていう質問をよくするのですが、アメリカでは『ビールかなあ。あと、若い人たちはウオッカをジュースで割ったのをよく飲んでいますよ』って聞きます。たぶん日本人がチューハイを飲む感覚で、アメリカ人はウオッカをオレンジジュースやジンジャーエールで割ったカクテルにして飲んでいるのでしょう。安くて飲みやすくてすぐに酔っ払えますからね」

「東ヨーロッパ発の蒸留酒がアメリカで一番になるなんて、歴史ってお酒って面白いですね」と絵里子さん。

サトウキビから造る蒸留酒「ラム」

私は『マイヤーズ』と『クエルボ１８００』をショットグラスに注ぎ、二人の前に出してこう告げた。

「高志さんの方がジャマイカのラムで『マイヤーズ』、絵里子さんの方がメキシコのテキーラで『クエルボ1800』です。どうぞ飲んでください」

「黒糖みたいな香りがしますね。おお、飲み口もずっしりとしていますね。甘いけどしっかりしています」と高志さん。

「ちょっと草っぽい華やかな香りがして、飲み口はすっきりしていてちょっと甘さとコクがあります。美味しいです」と絵里子さん。

「二人とも表現が本当に上手になりましたね。さて、それぞれラムとテキーラなのですが、これらの酒にはどんなイメージがありますか。思いつくままに言ってみてください」

「ラムはなんと言っても海賊の飲み物ですよね。小さい頃、『宝島』を読んで、ラム酒って美味しいんだろうなあって思っていました」と高志さん。

「そうですよね」

「テキーラはメキシコのサボテンと荒れ果てた大地のイメージがありますけど、確か原料はサボテンではないんですよね」と絵里子さん。

「はい。よく勘違いしている人がいますが、テキーラの原料はサボテンではありません。それでは、なぜラムは海賊の飲み物になったのか、そのあたりからお話ししてみますね。このラムですが、サトウキビが原料なんですね。サトウキビから砂糖を作ったのはインドが起源と言われています。その後、砂糖は西へ西へと伝わり、ヨーロッパの上流階級の人たちがコーヒーを飲むようになると、貴重な貿易品となりました。そして、コロンブスが新大陸を発見してからは、ジャマイカやキューバやブラジルのようなところでサトウキビの大規模な農場がつくられ、そこで生産された砂糖はヨーロッパへの最も重要な輸出品となりました」

「三角貿易だ」と高志さん。

「そうですね。さて、焼酎のときにもお話ししましたが、サトウキビから砂糖を作るときに、糖蜜という蜜が残ります。この糖蜜を発酵させて、蒸留した酒がラムなんです。ラムの発祥地は諸説ありますが、カリブ海の島国バルバドス説が有名です。カリブ海諸島ではサトウキビの栽培がさかんで、糖蜜が有効活用されていたのです。バルバドスに亡命したイギリス人が１６５１年に『ラムはサトウキビを原料とした、すさまじく強い酒』と書き残していますし、世界一古いラム蒸留所マウントゲイも１７０３年に創立されています。さて、海賊とラムの関係は大航海時代にさかのぼります。船の乗組員には当然飲み水が必要となりますが、昔は冷蔵技術がなかったため、真水はあっという間に腐敗してしまうんですね。それで、船には腐敗しない飲料としてビールやワインを積み込んでいたんです。ところが１６５５年、イギリス海軍が遠征するときにビールが入手できなかったんですね。そのときビールの代わりにラムを支給することにしたんです。それでめでたくラムはイギリス海軍のオフィシャルな飲み物になったのですが、当時のイギリス海軍はなかなか規律が厳しい環境だったので、多くの人たちが海賊になってしまったそうなんです。なんと船乗りの７割が海賊だったという話もあります。

もちろん、彼ら海賊も船での飲み物はラムだったため、海賊といえばラムというイメージが出来上がったようです」

「へええ。イギリスの海軍がラムを採用したんですね。なんかイメージと違いました」と高志さん。

「1970年までラム配給制度はあったようです。そのラムは、イギリス海軍専用のラムで、『パッサーズラム』という名前で今では一般向けに市販されています。このラムは当時イギリス領だったガイアナ共和国で造られています。ラベルにイギリス海軍の軍艦旗が描かれていてなかなか可愛いですよ。今、目の前にある『マイヤーズ』を造っているジャマイカも元イギリス領ですし、イギリスとラムは深い関係にあるんです」

「カリブ海は他にも元フランス領とか元スペイン領とかいろいろありますよね」と絵里子さん。

「はい。そうなんです。実は宗主国によって、ラムも味わいが少しずつ違っていまして、イギリスが宗主国だと濃いしっかりとしたラムが多いのですが、フランスが宗主国のハイチのバルバンクール蒸留所なんかではフランスのブランデーのような華やかな香りのラムが造られています。スペインが宗主国のグアテマラの『ロン・サカパ・センテナリオ』やキューバの『ハバナ・クラブ』は甘くて飲みやすいラムです。先ほど、ラムはサトウキビから砂糖を作った残りの糖蜜で造ると申し上げましたが、サトウキビを搾ったジュースから造るラムもあります。これまた政治が関係しているのですが、高志さん、トラファルガーの海戦はご存じ

ですか？」

「もちろんです。1805年、ネルソン提督率いるイギリス海軍が、ナポレオンの派遣したフランス・スペイン連合艦隊を破ったんですよね。これでナポレオンはイギリス侵攻をあきらめて、その後、彼はヨーロッパ大陸での覇権を握ることになりました」

「さすがですね。そしてナポレオンはイギリスに対抗するため大陸封鎖令というのを出したんですね。これが原因で、カリブ海にある島マルティニークからの砂糖がフランス国内に入ってこなくなり、ナポレオンはフランス国内の寒い地域でも栽培可能なテンサイを植えてそこから砂糖を作ることを奨励したんです。その後、ナポレオンはご存じのように失脚して、大陸封鎖令はなくなったのですが、フランス国内のテンサイから砂糖を作る人たちが自分たちの産業を守るため、マルティニークなど植民地からの砂糖に重税をかけたんです。そこでマルティニークのサトウキビ生産者たちは、砂糖を作るはずだったサトウキビのジュースを発酵、蒸留することに切り替えたというわけです。このように造られたラムはアグリコールラムと呼ばれていて、1996年にこのラムは、フランスの海外県で初めてA.O.C.（原産地統制呼称）を取得しています」

「A.O.C.ってワインのときに教えてもらった、シャンパーニュ地方で決められた方式で造られたスパークリングワインしかシャンパーニュは名乗れないっていうあの法律のことですよね」と高志さん。

「そうです。ちなみに、サトウキビのジュースを発酵、蒸留して造る酒がブラジルにもあって、それをピンガ、またはカシャーサといいます」

「それはアグリコールラムとは呼ばないんですか？」と絵里子さんが質問した。

「分類上的にはアグリコールラムと同じですよね。だからこのピンガをブラジル産ラムという人もいますが、それをブラジル人の前で言うとすごく怒ります。そもそもラムよりも先にこのピンガは造られたと言われています。そして、このピンガはブラジルがポルトガルから独立するときのシンボルでもありました。宗主国のポルトガルのワインではなく、このピンガで乾杯しようという思いもあったんです。そして、このピンガは、加水しないというのも特徴です。今まで話してきた蒸留酒はほとんどが、50度や90度といった高いアルコール度数まで蒸留してから、後に水を加えて、40度といった度数にまで落として、それをボトリングしたものでしたよね。しかし、ブラジルのこのピンガは加水しないので、目標の40度なら40度の度数まで蒸留したらそこで止めて、それをボトリングしているんです」

「なるほど。それは他の蒸留酒とは違いますね」と絵里子さん。

「はい。だからよりサトウキビの味わいが楽しめます。ピンガはカイピリーニャという飲み方が一般的です。ライムをカットして砂糖を入れて、それを潰して、そこにピンガを注ぎ、クラッシュアイスを入れるというカクテルです。他にもココナッツミルクを入れたり、パッションフルーツを入れたりといろんなカクテルがありますよ。いつか是非お試しください」

「どれも美味しそうです」と絵里子さんが言った。

「ラムはサトウキビがあるところではどこでも造れるので、多くの国で造られています。タヒチやフィリピン、もちろん砂糖の起源のインドでも造られています。いろんな地域ならではのラムがありますから旅行先で買ってみるのも面白いですね」

「楽しそうです」と二人が声をそろえて言った。

ブルーアガベを原料とした蒸留酒「テキーラ」

「さて次はテキーラです。テキーラの原料はブルーアガベという植物です。日本語では竜舌蘭《りゅうぜつらん》といいますが、蘭ではありません。先ほど絵里子さんが言っていたように、よくテキーラはサボテンから造られるとか、サボテンの一種からとか言われます。多肉植物なのでサボテンと思われるかもしれないのですが、また別の種類の植物なんです。ブルーアガベの茎の部分を使っています。このブルーアガベが51％以上使われていて、メキシコのテキーラ村を中心とした五つの州の指定地域で造られていなければテキーラを名乗れません。テキーラの定義は他にもありますが、実は、テキーラはトウモロコシやサトウキビで造った蒸留酒が混じっていても大丈夫なんです。テキーラ村を中心とした特定地域以外で造っているアガベの蒸留酒はメスカルと呼びます。テキーラがブルーアガベから造られるのに対し、メスカルはブルーアガベではないアガベを使うことができます。今はクラフトメスカルのような、こだわった造り手によるメスカルも出てきています。ちなみにこのテキーラ、元々はメキシコ国内で消費される地酒的な存在でした。ところが、1949年にテキーラベースのマルガリータというカクテルが全米カクテルコンテストで入賞したんです。その後、『テキーラ』という曲が大ヒットしたり、ミック・ジャガーがテキーラ・サンライズの大ファンということが話題になったり、イーグルスが『テキーラ・サンライズ』という曲を発表したりして、世界中のお洒落な人たちを夢中にさせ、世界に広がったというわけなんです」

「へえぇ。つい最近のことなんですね」と絵里子さん。

「音楽やカクテルの影響って大きいんですね」と高志さんが言った。

「そうですね。一般的にはテキーラといえば透明のタイプを思い浮かべるのではないでしょうか。ブランコといって、スペイン語で白いという意味ですが、樽で熟成していなくてカクテルに使われるテキーラはこのタイプですね。そして、ウイスキーやブランデーと同様に樽で熟成させているタイプもあります。今、絵里子さんが飲んでいるのはアネホというタイプで樽での熟成期間が1年以上のものです」

「なるほど。だから私が飲んでいるテキーラは透明じゃなくて黄金色で樽の甘い香りがするんですね」

「そうですね」

果物やハーブを蒸留酒に漬け込んで造る「リキュール」

私は次に、『シャルトリューズ』をバカラのリキュールグラスに注ぎ絵里子さんの前に、『コアントロー』を同じくバカラのリキュールグラスに注ぎ高志さんの前に出した。

「絵里子さんの方が『シャルトリューズ』で、高志さんの方が『コアントロー』です。どうぞ」

「綺麗な緑色ですね。うわあ、ハーブの良い香り。ちょっと強いけど甘くてほどよい苦味もあって美味しいです」と絵里子さん。

「柑橘系の良い香りです。強いけど甘くてオレンジの味がして美味しいです」と高志さん。

「お二人ともいいコメントですね。さてこちらはどちらもリキュールという酒なのですが、実はみりんも梅酒も本当はリキュールなんです。梅酒って造ったことはありますか？」

「はい。母がよく造っています。焼酎に梅と砂糖を漬け込んで、梅の色がついたら出来上がりですよね。梅の香りと味が華やかで、そのままオン・ザ・ロックでもソーダで割っても美味しいですよね」と絵里子さんが答える。

「はい。それと同じで、リキュールっていうのは、蒸留酒に果物とか薬草、香草などのハーブを漬け込んで、その果物やハーブのエキスを蒸留酒に移した酒なんです。そしてほとんどの場合、梅酒のように一緒に

糖分を入れています。この『シャルトリューズ』は、フランスのカルトジオ会という修道会の修道院に1605年から受け継がれているレシピで、130種以上のハーブを漬け込んで造っています。もちろん今でも門外不出のレシピで、たぶんこのハーブが入っているに違いないと、世界中のバーのカウンターで今でも語られるリキュールです。こういうリキュールを薬草系といいます。『アブサン』というリキュールもあります。スイスの医師が造り出した、ニガヨモギを主原料としたリキュールで、元々は薬用酒だったのですが、これがフランスで大人気になったんです。詩人のヴェルレーヌや、画家のゴッホやロートレックが愛したとして有名ですが、中毒になったり幻覚を見る人が出てきたりして、1915年に製造が禁止されました。この『アブサン』の代替品として、『パスティス』という『アブサン』に似たリキュールが造られました。『アブサン』は、現在はWHOが規制の範囲内であればニガヨモギの使用を承認し、復活しています。他に薬草系で有名なのはイタリアの『カンパリ』でしょうか。あの独特の苦味はりんどうの根が主原料だからと言われています。高志さんが飲んでいる『コアントロー』は、ビターとスイートの2種類のオレンジの皮を漬け込んだリキュールです。洋菓子や、世界のスタンダードカクテルによく使われているので、世界中のバーにはなくてはならない銘柄です。こういう果実を原料としたリキュールを果実系といいます。カシスリキュールやライチのリキュール、『ディタ』なんかが有名ですね。『カルーア』というコーヒーリキュールも有名ですよね。これはナッツ系リキュールといわれていて、他には杏の種子を使った『アマレット』も有名です。リキュールは当たると全世界のバーで消費されるので、各社がしのぎを削っていて、カカオや紅茶や果物のリキュールが日々開発、発売されています」

「リキュールの世界も奥が深そうですね」と絵里子さん。

「はい。それでは次にいきましょう」

ワインにハーブを配合した「ベルモット」と酒精強化ワイン「シェリー」

私は、『チンザノ』のロッソをバカラのリキュールグラスに注ぎ、高志さんの前へ置き、『ティオペペ』のシェリーをシェリーグラスに注ぎ、絵里子さんの前へ置き、こう告げた。

「高志さんの方が『チンザノ・ベルモット・ロッソ』です。これはベルモットという種類の酒です。絵里子さんの方は『ティオペペ・フィノ』です。これはシェリーという種類の酒です。どうぞ」

「ちょっとハーブみたいな香りがして、飲み口はコクがあって甘いです」と高志さん。

「香りはアーモンドみたいですね。味はちょっと濃いめの白ワインって感じです」と絵里子さん。

「お二人ともありがとうございます。先ほどまで説明していたリキュールは蒸留酒に果物やハーブを漬け込んだ酒でしたよね。こちらのベルモットは醸造酒であるワインにハーブを漬け込んでいるんです。この『チ

ンザノ・ベルモット・ロッソ』のロッソは赤いという意味ですが、これは白ワインをベースにしています。オン・ザ・ロックにして食前酒としても飲みますし、カクテルにもよく使われます。絵里子さんが飲んでいるのはシェリーです。スペインのアンダルシア地方でのみ造られている特産です。白ワインに分類されますが、アルコール添加を行うため酒精強化ワインと呼びます」

「ええと、なんか一気にわかりにくい名前になりましたね」

高志さんが困った顔を見せた。

「そうですね。醸造とか蒸留とか酒精強化とか、酒の造り方を説明する言葉ってちょっと難しくてみなさんとっつきにくいんですよね。要するに、酒精強化ワインとはワインを醸造しているときに、ブランデー、つまりブドウの蒸留酒を入れて、アルコールを強化した酒のことなんです。このブランデーを入れることを酒精強化って呼ぶんです。そうして造られたものを酒精強化ワインとか、フォーティファイドワインといいます。シェリーは樽で熟成させるときに、樽の七分目くらいまでしか原料の白ワインを入れないんです。普通、ワインは樽いっぱいまで入れます。酸素に触れて酸化しないようにするためです。でもシェリーの場合はわざと樽の上部を空けておきます。するとシェリーの液面にフロール、花と呼ばれる酵母の白い膜ができて、酸化を防ぐんです。そしてそのフロールがシェリーに独特の香りを与えるというわけです。酒精強化ワインは、スペインのシェリー以外にもポルトガルのポートワインという甘口のワインがあります。シェリーにはこのフィノのような辛口から、ペドロ・ヒメネスというすごく甘いタイプもありますが、ポートはすべて甘口です。ポルトガルのドウロ地区のワインにブランデーを加えて熟成させたポートワインには、ブドウの出来が優れた年だけに造るヴィンテージ・ポートというものもあります。私はよく、『誕生日のホームパーティーに招かれたのですが、どんなワインを持っていけばいいですか？』と質問されることがあるのですが、もし可能でしたら、誕生日の方の生まれ年のヴィンテージポートを持っていくとすごく喜ばれます。誕生日のパーティーって、シャンパーニュを持ってくる人が多いし、主催者側も何かスパークリングワインは用意しています。白ワインと赤ワインを持ってくる人も多いし、料理と合う合わないの問題もあります。しかし、ポートワインは食後のデザートのときに飲めるんですね。ちょっとケーキは苦手という方でも、ポートワインの甘さは大人の甘さなのですごく好評ですし、主催者の生まれ年のヴィンテージだとなおさら盛り上がります。そして他のワインと比べて古いポートは安めなんです。ネットで検索していただくとわかりますが、１９７０年代や１９８０年代のヴィンテージのポートが１万円代で購入可能です。お世話になっている上司や取引先の社長なんかにもいいプレゼントになりますよ」

「へえ。１９７０年代のポートが１万円代で買えるんですね。これは使えますね」と高志さん。

「うん。それ、喜ばれそう」と絵里子さん。

「ここまでが酒全般の解説でした。次回来店されたときはカクテルを教えます」

二人は「ではまた次回よろしくお願いします」と言いながら、夜の渋谷の街へと消えた。

第6章

バーに行こう

「カクテル」は作りたてが美味しい？

夜の渋谷、開店時間と同時に扉が開くと、いつもの二人が入ってきて、「マスター、今日はカクテルを教えてもらいに来ました」と笑った。

二人がカウンターの席に座ると、私は、シェイカーに冷えた『ビーフィーター』を注ぎ、搾ったライムジュースを加え、氷を入れシェイクし、冷凍室で冷やしたカクテルグラスを絵里子さんの前に出し、シェイカーからカクテルを注いだ。

「ギムレットです。どうぞ」

「私だけが飲んでもいいんですか？」

「はい。もちろんです」

「キリッとしてさっぱりして美味しいです」

「ありがとうございます。それでは高志さんの方も作りますね」と私は告げ、タンブラーの縁に塩をつけ、氷を3個入れ、冷えたウオッカを注ぎ、搾ったグレープフルーツジュースを加え、ステアして、高志さんの前に出した。

「ソルティ・ドッグです。どうぞ」

「なんかバーって感じですね。いただきます。塩がしょっぱくて、グレープフルーツが苦くて、でも飲みやすくて大人の味です」

「ありがとうございます。さて絵里子さんが飲んでいる方をショートカクテルと呼びます。高志さんの方をロングカクテルと呼びます。ところで二人は回転寿司屋に行って、10分くらいレーンに乗ったまま回りっぱなしで、誰も手に取らなかったパサパサした握り寿司を食べたいと思いますか？」

「もちろん食べたくないです」

「私もです」

「寿司は握りたてが美味しいですよね。回らない寿司屋でも、大将が握ってくれたのに、ずっとそれに手をつけないで話してばかりだと、大将が困ってしまいます。どうしても美味しいうちに食べて欲しいです。同様にカクテルも美味しいうちに飲んで欲しいという気持ちがあります。先ほど、ギムレットを作るときになぜシェイクしたのかと言いますと、ジンとライムジュースを混ぜるという意味もあるのですが、キンキンに冷やすためでもあるんです。バーテンダーがあえてシェイカーを使ってキンキンに冷やした飲み物を、ぬるくなるまでずっと放置しておくのは、握りたての寿司に手をつけないのと同じような行為です。もしバーで、シェイカーを使うようなショートカクテルを注文した場合は、冷たいうちに飲み終えてください。そして、日本の場合は、みんなの飲み物がそろってから『乾杯！』という習慣がありますよね。日本のバーテンダーもその習慣はわかっているので、飲み物はできるだけ同時に出したいとは思っているのですが、今回の私のように、バーテンダーがひとりの場合は、カクテルは同時には出せません。そんな場合は、待っている人、今回は高志さんですが、『冷えているうちにどうぞ』

と、相手に、先に飲むことをおすすめしてあげるのが良いと思います」

「ああ、そういう意味だったんですね。じゃあ本当なら僕が、『どうぞお先に』みたいなことを言うべきだったんだ」

「カクテル」はいかにもアメリカらしい飲み物

「そうですね。さて、カクテルとは何か、ですが、酒に何かを足した飲み物です。例えばウイスキーの水割りも、ウイスキーに氷と水を足した飲み物なのでカクテルですし、ウーロンハイも、焼酎に氷とウーロン茶を足した飲み物なのでカクテルです。かつて日本に品質の悪い日本酒がはびこっていた時代に、鯛やフグのヒレを干して炙ったものを熱燗の日本酒に入れて飲む、ひれ酒という飲み物が生まれました。これも酒に何かを足している飲み物なのでカクテルですね。このひれ酒のように、カクテルは最初、そんなに美味しくない酒に何かを足して、少しでも美味しくしようとした飲み物でした。古代エジプトではビールに蜂蜜や生姜を入れていたし、唐ではワインと馬乳をミックスしたものが飲まれていました。インドには、大きなボウルに蒸留酒をベースに砂糖とライムとスパイスと水を混ぜて、それぞれに注ぎ分けて飲むパンチという飲み物があったのですが、17世紀にイギリス人がこれを本国に持ち帰り、このベースの酒をワインやラムにして、入れる果物やスパイスもアレンジし、普及していったのが現在のカクテルの始まりと言われています。その後、カクテルはアメリカで発展しました。このアメリカで発展した私たちが知っているカクテルは、この間からずっと話していた様々な酒とは全然文脈が違います。このカクテルは基本的にはヨーロッパ人によって新しく開拓された新世界アメリカで発展した、いかにもアメリカらしい飲み物です。まず、私たちが住んでいる日本やヨーロッパなどのいわゆる旧世界では、酒と酒を混ぜるということを邪道だと感じてしまいます。例えばアドニスというカクテルがあるのですが、これはシェリーとベルモットを混ぜたカクテルです。飲んでみたらちょっと面白い、美味しい味なのですが……。先日解説したワインの歴史は覚えていますよね。シェリーはシェリーだけで飲めば美味しいし、ベルモットはベルモットだけで飲めば美味しいのに、どうしてそれを混ぜるんだろうって、私たち旧世界の人間は感じてしまいます。例えば、『森伊蔵』と『獺祭』を混ぜたカクテルがあるとして、それってもしかして面白くて美味しいかもしれないですけど、私たちはそういうカクテルを作らないですよね」

「はい。なんかもったいないような気がします」と高志さん。

「でもアメリカ人は、そういう旧世界の人間たちの古い伝統なんかにとらわれず、混ぜて美味しければいいじゃない、という気持ちがあるんです。今、お二人が飲んでいるような氷をたくさん使ったカクテルが作られ、一般的に飲まれるようになったのは、もちろん19世紀にできた製氷機が普及してからです。この時期からマティーニやマンハッタンといった今ではスタンダードなカクテルがヒットしました。これらに使われているカクテルのグラスを『Y』という記号にして、これに赤い斜めの線を入れて飲食店の入り口に掲げておくと、『この店では酒が飲めない』と、今では全世界の人たちがわかりますよね。そんな『アイコンとしてのカクテルのイメージ』がこの時期のアメリカで出来上がりました。このアメリカで発展したカクテルが、全世界に広まることになったきっかけは、皮肉にも1920年から1933年のアメリカの禁酒法が原因でした」

「出た、また禁酒法」と高志さん。

「酒類の製造、販売が禁止された禁酒法の影響で、アメリカにはスピークイージーと呼ばれるもぐり酒場が現れ、そこでは密輸されたり密造されたりした粗悪な酒を少しでも美味しく飲むために、ますますカクテルが発展しました。そして、そんなもぐり酒場で働くのに嫌気がさしたアメリカ人のバーテンダーたちがヨーロッパへと渡り、このアメリカスタイルのカクテルが、ロンドンやパリでも流行することになりました。もし禁酒法がなければ、このアメリカスタイルのカクテルは、アメリカだけで楽しまれるような飲み物だった可能性もあるというわけです」

「なるほど。その時々の政府が作った法律のせいで、本当にお酒そのものが変化したり、お酒の飲み方まで変わってくるんですね」と絵里子さん。

「はい。その後は世界中でいろんなカクテルが生まれました。例えばヨーロッパですと、フランスのパリの高級ホテル、リッツ・パリのバーで生まれた、シャンパーニュとオレンジジュースを混ぜたミモザというカクテルがあります。ミモザの花の色と似ているからこの名前になったのでしょう。この飲み物、シャンパーニュ・ア・ロランジュという名前で飲まれていたようです。日本語に訳すとオレンジジュース入りのシャンパーニュでしょうか。それにミモザという名前を付けるのが、アメリカ式のカクテルっぽいですよね。イタリアのヴェネチアのレストランバー、ハリーズ・バーでは、ベリーニという名前のカクテルが生まれました。イタリアのスパークリングワインであるスプマンテと桃のジュースを混ぜたものです。フランスのブルゴーニュ地方ではキールというカクテルが生まれました。第二次世界大戦後にブルゴーニュ産のワインの出荷が伸び悩んでいたので、ディジョン市長のキールが、ディジョン市周辺で造られているカシスリキュールと、アリゴテ種の辛口白ワインを混ぜたカクテルを発案して、販促しました。フランスの作家、フランソワーズ・サガンの小説にも登場して、世界に広がっていきます。ちなみに私の小説『恋はいつもなにげなく始まってなにげなく終わる。』の冒頭でもこのキールが登場しますよ」

「え？　マスター、小説書いているんですか？」と驚く高志さん。

「すいません。宣伝でした。ヘミングウェイが愛したフローズン・ダイキリというカクテルがあります。ヘミングウェイは世界中にカクテルをカッコいい飲み物として広めた作家でしょう。キューバの首都ハバナのラ・フロリディータというバーのバーテンダーが、グラスにクラッシュアイスを入れ、その上にシェイクしたダイキリを注いでいたそうなのですが、１９３２年にこのバーに来たヘミングウェイがそれを飲んですごく気に入って、この店に通ったそうです。その後、１９３７年にブレンダーが登場すると、このバーではすぐに採用し、クラッシュアイスとこのダイキリの中身を同時にブレンダーにかけて、シャーベット状にしました。フローズン・ダイキリはこうして生まれ、世界中で大流行することになります。さて、それまでのカクテルは、従来の蒸留酒や醸造酒をいかに美味しく飲ませるかという発想でしたが、だんだんと別の流れで新しいカクテルが誕生していきます。１９８０年代にファジー・ネーブルというカクテルが登場して大ヒットします。オレンジジュースという飲み物は比較的簡単にどこでも手に入るため、何か酒があれば、それをオレンジジュースで割ってみようというアイデアは生まれやすいですよね。ミモザもそうでしたし、スクリュー・ドライバーというウオッカをオレンジジュースで割ったカクテルもそうです。そしてピーチリキュールをオレンジジュースで割ったカクテルも自然と生まれたようなのですが、これがファジー・ネーブルです。すごく飲みやすく、ネーミングセンスも面白かったのでしょう。世界中のバーで大ヒットします。その後はリキュールを造る会社が、マリブというココナッツのリキュールを出して、それにオレンジジュースを入れたマリブ・オレンジやミルクを入れたマリブ・ミルクというカクテルが流行ったり、ディタというライチのリキュールをグレープフルーツで割って飲むディタ・グレープフルーツというカクテルが流行ったり、カルーアというコーヒーのリキュールにミルクを入れたカルーア・ミルクが流行ったりするという流れが起きました」

「カクテル」の新潮流

「一方で、人工的に香りや色をつけたリキュールを使わないというカクテルの新しい流れも生まれます。1990年代にロンドンで生まれたミクソロジーカクテルです。これは、人工的なものを使わずに、フレッシュな果物や野菜、ハーブやスパイスなどを使った、今までのスタンダードカクテルとは全く違うまるで料理をしているかのようなカクテルです。見た目にも面白くて、火をつけて炎を見せたり、ドライアイスを使って白い煙を出したり、現代的な遊び心があります。そして今最も注目されているのはモクテルというノンアルコールのカクテルです。これもイギリスで生まれた言葉なのですが、モクが似せた、真似たという意味の言葉で、それとカクテルを組み合わせた造語です。もちろんノンアルコールカクテルは大昔からありましたが、現代のこのモクテルは、あえて酒を飲まないソバーキュリアスという考え方の流れの中にあります。ソバーはしらふ、キュリアスは好奇心という意味で、あえてしらふでいようという考え方です」

「モクテルとソバーキュリアス、よく話題になりますよね」と絵里子さん。

「はい。この酒の本では最後にこのモクテルとソバーキュリアスのことを言わなければとずっと思っていました」

「え？　マスター、この酒の本って？」と高志さん。

「もうそろそろ合わせていただいても……。ではみなさん、明日、バーに行きましょう」

バーは予約が必要？

「え？　マスターのおすすめのバーがあるんですか？」

高志さんが少し前のめりになった。

「いろいろありますよ。そこを明日回りましょう」

「明日、何軒もはしごするっていう意味ですか？」と絵里子さん。

「はい。バーホッピングという大人の夜の遊び方なんです。うちのバーも、外国人の観光旅行者が、よくバーホッピングで利用してくれますよ。1杯か2杯だけ飲んでさっとお会計をすませ、次のバーに移るんです。楽しいですよ」

「ええと、マスター、服装はこういう方が良いっていうのありますか？」と高志さんが質問した。

「明日はオーセンティックバーにいく可能性もあるので、できればジャケットと襟のあるシャツを着てきて欲しいのと、スニーカーは避けて欲しいです。格式の高い飲食店であればあるほど、お客さまの服装で、通されるテーブルが違うってご存じですか？」

「そうなんですか？」と驚く高志さん。

「はい。星付きのレストランなんかは明らかに違いますよ。良いブランドのコートを着ていて、入り口でそのコートを預けると、良いテーブルに通されます。レストラン側も、一番目立つ場所に素敵なお客さまに座っていただいて、他のお客さまから、『このお店はお洒落な人たちが集まっているんだなあ』って感じて欲しいですよね。飲食店って、そこに集うお客さまがつくっている場所なんです。ですので私たちは、それなりの気持ちで挑んだ方が良いですよね。できれば失礼じゃない服装でお願いします」

「わかりました。ええとマスター、お店の予約とかはどうしましょうか」

「良い質問です。まず、バーは普通、予約はしなくてもいいです。でもどうしても、旅行なんかで、この日にこのバーに行きたいなんてことがありますよね。そのときは予約した方が良いですね。でも、例えば、『夜の10時に二人』なんて予約はほとんどのバーが受けていないと思います」

「そうなんですか？」と高志さん。

「予約を受けると、その席を開店したときからずっと空けておかなければなりません。夕方6時開店のバーで夜10時までその席に誰も座らせないとなると、店側はたくさんのお客さまを断ることになってしまいますよね。ですので、多くの場合、バーは、『7時までのご来店でしたらご予約は受けておりますが』のようなスタイルです。もうひとつ、席を予約する方法があります。例えば夜の9時半頃に新宿のレストランを出て、渋谷のバーに行きたいと思ったとします。そんなときに、渋谷のバーに電話をかけて、『今から15分後くらいに2名でうかがいたいのですが、席はありますか？』という方法でしたら予約は可能です」

「なるほど」と高志さん。

「このとき電話で、最初に『今日はすいていますか？』とか『今日は混んでいますか？』とかって言う方がいますが、店側としては、『今はすいていますが、5分後には満席になるかもしれないし』という気持ちもあります。電話ではシンプルに『何分後に何名は大丈夫ですか？』と伝えてください。もしその店のバーテンダーを知っていたら、『○○出版の前田です。5分後に2名って大丈夫ですか？』というように、所属している団体の名前も込みで伝えていただけると助かります。『前田』だけだと他の前田さんもいる場合もありますので、所属先名を言っていただけると、『ああ、あの方』となります。そして、『あの前田さんだったら、このカウンター席がいいかな』と前もって店側もいろいろ準備することができます。あるいはその電話のときに『彼女といきます』とか『接待で著者の村上春樹さんと行きます』といった具合に、状況を伝えるのもいいですよね」

「わかりました」と二人は声をそろえた。

「それでは明日、渋谷のハチ公前で夕方5時に落ち合いましょう」

「おすすめは何ですか？」と聞くのはＮＧ？

私と絵里子さんと高志さんは、水曜日の夕方5時に渋谷のハチ公前で待ち合わせ街に出た。１軒目はいろいろなクラフトビールが飲める立ち飲みスタイルのビアバーだ。まだ開店したばかりなのだろう、客は誰もいない。

　入店するなり、高志さんがこう言った。

「うわあ、やった、貸し切りですね」

　店員が気まずそうに苦笑いを見せた。私は高志さんに、こう説明した。

「高志さん、『今日はガラガラですね』とか『貸し切りだ』とか『今日はヒマなんですね』といった言葉をお店の人に言うのはすごく失礼なんです」

「そうなんですか？」

「はい。たぶん、高志さんは、ちょっと嬉しくて、ちょっと冗談気味に『貸し切りだ』って言ったと思うのですが、店側からすると、『お店流行っていないんですね。このお店、あまり人気がないんですね』と面と向かって言われているのと同じことなんです。例えば、高志さんがどこかの企業に行って、『最近の御社、人気ないですねえ』とか『最近、御社の商品売れていないですねえ』とは絶対に言わないですよね」

「なるほど。他にはそういう私たちが気づかないNGワードってありますか？」

絵里子さんが質問した。

「例えば、5年ぶりくらい久しぶりに店に来てくれたお客さまに、『ああ、良かった。もしかしてお店なくなっていたらどうしようって思っていたんです』って言われるのもすごく嫌です。もちろんお気持ちはすごくわかるんですよ。『あのバー、久しぶりに行ってみよう』って思い出してくれて、『この辺りだったんだけどなあ。まだあのバーあるかなあ』って思いながら店を見つけて、扉を開けて、以前と同じマスターがいると、『ああ、良かった。お店なくなっていたらどうしようって思っていた』って言いたい気持ちはすごくわかります。でも、すごく失礼ですよね。どこかの企業に久しぶりに営業に行って、『まだこの会社潰れていなかったんですね。潰れていたらどうしようって思っていました』って言うのはすごく失礼ですよね。それと同じだと思ってください」

「なるほど。それは確かに腹が立ちますね」と絵里子さん。

「わかりました。じゃあ注文しましょうか。何かおすすめのビールをお店の人に聞いてみます」とはりきって高志さんが言う。

「ちょっと待ってください。『おすすめは何ですか？』も、こういうバーではすごく困る言葉なんです」

「ええ？　おすすめを聞いたらダメなんですか？」と高志さん。

「例えば、このビアバーのビールのタップは8個ですよね。すごくセレクトされているはずです。お店側にとってみれば、この八つのビールは全部おすすめなんです。この『おすすめは何？』ですが、私がバーテンダーを始めた30年ほど前は、飲食店ではほとんど誰も使っていない言葉でした。例えば、小料理屋や寿司屋なんかで、『今日のおすすめは？』って質問されて、『今日は牡蠣が美味しいですよ』とか『今年の秋刀魚は美味しいですよ』っていう風に旬の物をおすすめすることはありました。あるいは週に1回通ってくれているような常連さんが、『いつものジントニックは飽きてしまったから、何かおすすめはありますか？』というような、バーテンダー側もそのお客さまの好みをわかったうえでのおすすめっていうのはありました。でも高志さんはこのお店は初めてですよね。お店の方は高志さんの好みはわからないですから、何をおすすめしていいのかわからないです」

「そうかあ。じゃあどう言えば僕の好みのビールが出てくるのでしょうか」

「そのまま好みを伝えてください。例えば、苦いのが好きだとか、以前飲んだこういう銘柄が好きだったとかでしょうか。ちょっと通ぶった人が、『今、中華を食べてきたんだけど、その後に合いそうなドリンクもらえる？』みたいなことを言ったりすることがよくありますが、それもどうかなと思います。想像してみてください。中華料理の後に、別に赤ワインでもジントニックでもウイスキーでも何を飲んでも美味しいですよね。本当に自分はどんなものが飲みたいのかを言葉にして注文してください」

「わかりました」

今度は絵里子さんが、私にこう質問した。

「でも、ビールのことがよくわからなくて、なんでも良いってわけではないけど、お店の人が美味しいと思っているビールを飲みたいことってありますよね。そういうときはどうすればいいですか？」

「そういうことってありますよね。私がたまにお客さまから言われて『おもしろいなあ』と感じる注文は、『マスターが一番好きなお酒をください』っていう注文です。例えば、どこか小料理屋に行ったとして、そこのカウンターの中の料理人に、『おすすめは？』って言ってしまうと、普通は季節の旬の物か、その店の名物料理か、もしかするとちょっと売れ残って困っている料理なんかを出されますよね。でも、『ご主人が今日のメニューで一番好きな料理をください』と注文すると、『そうですねえ。俺、里芋が好きで、今日だと里芋の煮っ転がしが好きですよ』っていう答えが返ってくるかもしれません。そういうやり取りって店の中の人の本音が聞けたりして楽しいですよ」

「なるほど。じゃあ私はそれでいきます」

絵里子さんがそう言うと、高志さんは軽く手をあげ店員を呼んだ。

「ホップがすごくきいているのが好きなんです。でも味はダークというよりも、軽めの方が好きです。何かそういうのでおすすめはありますか？」

店員が、「それではこの久我山のマウンテンリバーブリュワリーのＩＰＡはいかがでしょうか」と言うと、高志さんが「それでお願いします」と答えた。

次に絵里子さんが「この中で店員さんが一番好きなビールをいただけますか？」と伝える。

絵里子さんは、ベルギーのセゾンビールを紹介され、私はスタウトを注文した。

「樽から直接注がれたビールって美味しく感じますね」と絵里子さん。

「酒蔵から仕入れた樽から酒を注いでもらい、その店先で飲むというスタイルが日本の酒場の始まりなんです。江戸の町には、日本酒を売っている酒屋がありました。江戸の人たちはそこで酒を買って、とっくりに入れて自宅に持って帰って飲んだそうですが、持って帰るのは面倒くさいからその場で飲みたいという人が出てきました。それじゃあその酒に合わせておつまみでもと、酒屋側が食べ物も用意をするようになると、お客さんがその店に居ながらにして酒を飲むので、居酒屋と呼ばれるようになったそうです」

「そうかあ。昔は高価なガラス瓶にビールやワインや日本酒を詰めるっていうのはなかったから、蔵元から樽で仕入れて、目の前で注いでいたんですね。そしてこれが元々の酒場のスタイルなんですね」と絵里子さん。

「そうなんです。さて、みなさんそろそろ飲み終わりそうですね。それでは次のバーに行きましょうか」

「え？　もう行くんですか？」

驚く絵里子さん。

「バーは酒を飲むところです。二人とも牛丼屋さんで牛丼を食べ終わったらすぐにお会計をして外に出ますよね。食べ終わったのにいつまでもいつづけるとお店の人が困ります。同様に、バーは酒を飲むところなので、飲み終わったらすぐに店を出るのが常識です。飲み終わってグラスが空になっているのにいつづけるのはルール違反です。もし、そのお店が気に入ってもう少しいたいなあと思ったら、もう1杯注文してください」

「なるほど。そうですよね。でもお酒が強くない人が、もう飲めないけど会話が盛り上がっているからもう少しいたいっていうときはどうすればいいんですか?」

高志さんが質問した。

「そういう場合は、何かノンアルコールの飲み物を注文してください。覚えていただきたいのは、グラスが空のままでバーにずっといるのはダメということです」

「わかりました。じゃあ次のお店に行きましょうか」と絵里子さんが言うと、高志さんも「はい」とうなずいた。

バーで鞄を置いてはいけない場所は？

私たちは、渋谷を少し歩き、老舗のワインバーに入った。店の人に「3人です。軽く1杯だけで30分くらいしかいないんですけど大丈夫ですか？」と言うと、「どうぞどうぞ」と言われ、ゆったりとしたテーブル席に通された。

私たちが席に向かうと、高志さんが奥の椅子に座ろうとしたので、すかさず私はこう伝えた。

「高志さん、こういうテーブルの席の場合、奥の壁の方に座るのは女性なんです。壁際の方が女性は落ち着きますよね。奥の落ち着ける方に女性には座ってもらいましょう」

「ああ、そうかあ。また失敗してしまいました」

「大丈夫ですよ。こういう失敗はしておいて、誰かに指摘してもらった方がいいです。次に失敗しないようにすればいいんです」

「はい、気をつけます。ところでマスター、荷物を入れるカゴがないんですけど、どうしましょうか？」

「実は飲食店に荷物を入れるカゴを置くのは、日本のここ最近の習慣なんです。昔は飲食店には荷物を入れるカゴはありませんでしたし、欧米には今でももちろんありません」

「ええと。じゃあ鞄はどこに置けばいいんですか？」と高志さん。

「実はですね、鞄は床に置くものなんです。床に置くのがちょっと嫌だったら、自分の背中の後ろに置いてください。椅子の背もたれと背中の間ですね。あるいは、今日のように空いている椅子があれば、お店の人に『ここに鞄を置いても良いですか？』と聞いてから置いてください。絶対にしてはいけないことは、テーブルの上に鞄を置くことです」

「机の上に鞄は置いたらダメなんですね」と高志さん。

「はい。それだけはダメです。鞄は床に置くものなんです。というのも鞄と靴は同じだと考えられているからです。靴を机の上に置いてはダメですよね。それと同じです」

「なるほど」と絵里子さん。

お通しとチャージの話し

ワインバーのスタッフがやってきて、メニューとドライフルーツが入った小皿を置いた。

「こちらお通しのドライフルーツです。こちらが今日のグラスワインです」

スタッフがカウンターの方に戻ると、高志さんが言った。

「何にも注文していないのに、こんな小皿が出てくるんですね」

「そうですね。これは日本特有のお通しです。日本の酒場では、こういうちょっとしたおつまみが先に出てくることがあります。蕎麦屋なんかで昼に酒を注文すると、蕎麦味噌なんかのお通しが出てくることがありますが、酒を飲む人のためのちょっとしたおつまみという意味で出てきて値段は無料です。居酒屋でもこういうお通しはありますね。安い大衆居酒屋なら200円とか300円とかですが、高級な居酒屋だと500円くらいになります。バーの場合はチャージというのがあります。このお店のようにお通しが出てくることもあれば、お通しは出てこないけどチャージがある場合もあります。チャージ料金は、その街やその店によって違いますが、渋谷のこういう雰囲気のバーだと、チャージは大体500円くらいが相場です。銀座だと同じようなバーでもチャージは2000円くらいしますね」

「街やそのバーの雰囲気で金額が変わるんですね」と高志さん。

「はい。これは、そのバーに入る入場料だと思ってください。例えば銀座のバーでチャージ2000円でカクテルも1杯2000円くらいだとしても、たまたま隣に大企業の社長が座ることもあって、その人と仲良く会話できることもあります。他の街のバーではめったにないことです。2000円のチャージなんて全然気にしない人が、2000円のチャージのバーにはお客さまとして来店しているというわけです。だから高志さんが、『チャージが2000円なんて高すぎる』と感じたらそのバーには行かなければ良いわけです。そのバーには2000円のチャージを気にしない人たちだけが来店していて、そういうバーの雰囲気になっています。今私たちがいるこのワインバーもそうです。何も注文していないのにこんな風にお通しが出てくるのが嫌なのならこのバーには来なければいいだけです。そしてこのお通しとチャージ500円が気にならない人だけがこのバーのお客さまになれるというわけです。バー側も実はお客さまを選んでいます。要するに『チャージ500円が嫌だ』なんて感じる人には店に来て欲しくないんです。バーのチャージは、その世界への入場料という意味はわかってもらえましたか？」

「わかりました」と二人。

スマートな注文の方法は？

「じゃあワインを注文しましょうか」

そこで高志さんが、店のスタッフに向かって「すいませーん！」と言った。

「高志さん、その『すいませーん！』も結構NGなんです」

「え？　『すいません！』ダメですか？」

「はい。まず、こういう落ち着いたバーや、例えば高級レストランなんかでは、大きい声を出すということがNGなんですね。もちろん、すごくザワザワしていて、スタッフも呼ばなければ全然来てくれないような店なら、『すいませーん！』と呼ぶのはありです。でもこのバーは今他のお客さまも少ないし、スタッフも数人いて落ち着いていますよね。そんな場合は、開けてあったメニューを閉じて、そのスタッフと目を合わせれば、注文を取りにきてくれます」

「え？　そうなんですか？」

「はい。欧米ではメニューを閉じることが、『注文が決まった』という合図なんです。だから逆にいつまでもメニューを開けっぱなしだと注文は取りにこないです。あるいは、普通に飲んでいるときにメニューを開くと、スタッフは『何か新しい注文があるんだな』と察して、そのテーブルをすごく気にします。だから注文する気もないのにメニューをしばらく開けっぱなしにするのはやめた方が良いです。店側からすると迷惑な行為なんです」

「そうだったんですね。じゃあ声を出して呼ばなくても、メニューを閉じて、目を合わせれば注文は取りにきてくれたんですね」

そこへ、このバーのスタッフがやってきた。

「いかがですか」

「じゃあ今日の白ワインで一番酸味がしっかりしたのはどれですか？」

絵里子さんが聞くと、スタッフが答えた。

「ロワールのソーヴィニヨン・ブランが一番酸味がしっかりしていますね。ミネラルもしっかりしていて美味しいですよ」

「じゃあそれをお願いします」

「じゃあ私はこのラングドックのシラーをください」

「かしこまりました」

最後に、高志さんがこう言った。

「もうおすすめは何ですかなんて聞かないですよ。ええと、この中であなたが一番好きなワインはどれですか？」

「僕ですか？　僕はピノ・ノワールが好きなので、このアルザスのピノ・ノワールが一番好きですよ」

「じゃあそれをお願いします」

そう言った高志さんの表情は得意げに見えた。

ペアリングにこだわりすぎない

「かしこまりました」

スタッフはカウンターに戻り、三つのグラスワインを私たちの前にそれぞれ置いた。次にメニューを見せながら、「もしおつまみが必要でしたらこちらからお選びください」と告げた。

「僕たちのこのワインに合うおつまみはどれですかって聞いてみようと思います」

「高志さん、その『この飲み物に合う食べ物は？』って質問するの、悪くないとは思うのですが、そこまで最高の注文の仕方とは思えないと私は感じています。確かに食べ物と飲み物を口の中で合わせて、それが最高に合ったときってすごく美味しく感じますよね。例えばソーテルヌという甘口の貴腐ワインとブルーチーズを合わせるとすごく幸せな気分になります。そういう組み合わせってたくさんあるし、それを考えるのってすごく面白いです。でもですね、以前、私が『美味しいは流行だ』って言ったのは覚えていますか？」

「覚えています。甘いのは嫌がられてみんなが辛口を好きになったり、ナチュラル志向になったり、美味しいという感覚って変わっていくものなんですよね」と高志さん。

「はい。そして今、『この飲み物に合う食べ物は？』あるいは『この料理に合う飲み物は？』って飲食店のスタッフに聞くのって、実は流行なんです。この流行に乗ってしまって、どんな店に行っても、『これに合う飲み物は？』って聞いてしまうのはちょっと疑問です。例えば、このメニューにチョコレートがありますよね。『このチョコレートに合うワインをください』ってお客さまに言われたとします。でもチョコレートに合うワインってそんなに多くないんです。そんななか、バニュルスという南仏の甘口のデザートワインが合うのですが、お店のスタッフが『チョコレートにはデザートワインのバニュルスが合います』って答えたとして、本当はそんな甘口ワインなんて飲みたくない場合もあります。別に白ワインが飲みたかったら白ワインを注文すればいいんです。チョコレートと白ワインはそこまでぶつかったりはしません。決して合わなくはないんです」

「なるほど」と高志さん。

「そして、今私たちは3人とも違うタイプのグラスワインを注文していますよね。この3人のどのワインにも合う食べ物を選ぶっていうのは難しいです。そんなに無理してマリアージュ、ペアリングを追求するよりも、今食べたいもの、自分が好きな食べ物を注文した方が良いです。そしてもしそれがワインに合ったら嬉しいし、合わなかったらわなかったでそれは面白い体験です」

「そう言われてみればそうですね」と絵里子さんが答える。

「それじゃあ、チーズの盛り合わせにしましょうか」

そう言うと、高志さんが注文をした。

「すみません。チーズの盛り合わせをください」

「かしこまりました。チーズはいろいろ種類がありますが、何かお好みはありますか？」

「全種類少しずつっていうのは大丈夫ですか？」と高志さんがスタッフに聞いた。

「高志さん、先ほどから小言ばかりでつまらないと思いますが、そういう本なのでここでも小言を言わせてください。高志さんは、チーズを全種類少しずつ出してくれる店を、どこかで見かけたんですか？」

「はい。実はインスタで見かけたんです。ワインバーでたくさんの種類のチーズが少しずつ乗ったお皿があって、コメントで、『このお店はチーズを全種類ちょっとずつ盛り合わせてくれた』って書いてありました。僕もいつかワインバーに行ったら試してみたいなあって思ったんです」

「それは違うお店のサービスですよね。ここで、どこかの店でやっていたサービスを別の店では求めてはいけないというルールを伝えます。昔、高級でホスピタリティのあるイタリアンなんかで、デザートのワゴンをお客さまのテーブルに持っていって、『こちらがティラミスで、こちらが……』って説明した最後に、『もしよろしければ少しずつ全種類っていうのも大丈夫ですよ』なんていうサービスが流行ったんですね。それと同じように、『チーズを少しずつ全種類』とか『前菜を少しずつ全種類』とかっていうサービスをやる店も出てきました。でもそういうサービスはスタッフがたくさんいて、料金もそれなりに高くて、あらかじめそういう準備をしている店だからできるっていうのがあります。そういうサービスができるできないって、店によってもすごく違います。例えば、料理は全部小分けにしていて冷蔵庫に保管しているような店がありますが、そういう店で、『この料理、ちょっとだけお肉増やしてもらえますか？』って伝えても、そう簡単には対応できないという事情があります。ですので、初めて来た店で、メニューに書いていないものは注文するべきではないです。もちろん何度も通って、『このお店だったらこういう注文も対応してくれそうだな』ってわかってから、『このチーズを少しと、この生ハムを少しと、そこのカウンターにあるクルミを少しつけてください』なんていう風に注文するのは可能です。でも最初から別の店で見たサービスを、初めての店に要求するのは失礼です」

「わかりました」と高志さん。

「じゃあ私が注文します。ウォッシュのチーズで何か熟成が進んだ状態が良いのと、ブルーチーズを何かお願いします。ハードタイプは何がありますか？」と絵里子さん。

「ハードタイプは今はミモレットの12ヶ月熟成と、おすすめなのがアッペンツェラーというスイスの冬の時期のチーズです」

「じゃあそのアッペンツェラーもつけて盛り合わせにしてください」

「かしこまりました」

「高志さん、落ち込まないでくださいね。『何かおまかせで』とか『ちょっと珍しいチーズを』とかでもいいですよ」

「大丈夫ですよ。そういう本ですから」

高志さんが苦笑いする。

「じゃあ気を取り直して乾杯！」

絵里子さんも笑いながら言った。

バーで嫌われること、喜ばれること

「マスター、今のうちに聞いておきたいんですけど、『バーでこういうのはNG』っていうこと、他にもありますか？」

「うーん。じゃあ思いつくままに言っていきますと、私のバーでも3年に1回くらい、指をパチンと鳴らして私を呼ぶ人が出てくるんです。あれは失礼ですね。以前アメリカの小説を読んでいたら、酔った客がレストランに入って、指をパチンと鳴らしたら追い出されたっていうシーンがありました。私も本当は追い出したくなります。あるいはこういうバーで、スタッフの人に向かって『あなたがこのお店のオーナーなんですか？』っていう質問をする人がたまにいるのですが、それも愚問だなあと感じます。そういうお客さまは、オーナーか雇われかで接し方を変えるのでしょうか。オーナーか雇われか聞きたがるのって、どこの大学出身なのか知りたがるのと同じくらい、ちょっと下品な印象があります」

「なるほど。そう言われてみればそうですね。オーナーでも雇われ店長でも同じですよね。じゃあマスター、逆にこういうのが喜ばれるっていうことって何かありますか？」

今度は絵里子さんが質問をした。

「私はトイレが汚れているときに教えてもらえるとすごく嬉しいです」

「あ、それって嬉しいんですね」と絵里子さん。

「はい。私たちバーテンダーも、常にトイレが綺麗な状態かどうかはチェックしているのですが、たまたま私たちが気づいていないときにトイレが汚れていることってどうしてもあります。お客さまとしても、汚れているトイレは使いたくないですよね。どれだけ店が良くてもトイレが汚れていると一気に印象が悪くなります。だからこっそりと『すいません。トイレ汚れていましたよ』って教えてもらえるとすごく助かります」

「そうかあ。今度から遠慮なく言いますね」と絵里子さん。

「あとは、もしトイレを汚してしまったとき、自分でなんとか綺麗にしようと頑張る人っているんですけど、早めに、自分じゃないふりで良いですから、『トイレ汚れています』って伝えてくれた方が良いです。私たちの方がシラフですしトイレ掃除は慣れています。そしてこれを読んでくれている人でお食事中の方、申し訳ないんですけど」

「え？　マスター？」

高志さんが驚いたような声を出した。

「だからそれはもういいって」

絵里子さんがすかさず突っ込みを入れた。

「申し訳ないんですけど、気分が悪くなって戻すときは洗面台の中ではなく、便器の中にお願いします。洗面台に吐かれると詰まる原因になります。戻すときは便器の中っていうのは世界標準ルールです。よろしくお願いいたします」

「じゃあ何かもう1杯だけ飲んで出ましょうか」

「いいですね。マスター、僕、アルザスのピノ・ノワールを飲んでしまったんですけど、やっぱりこれよりも濃いワインの方が良いですか？」

「もちろん、酒も料理も、薄めの味、淡い味、繊細な味のものから、濃い方へ進むのが良しとされていますが、どうしてもそうしなければいけないというルールはありません。本当に自分が好きなものを飲んだり食べたりした方が良いです」

「じゃあスパークリングワインにしようかな。メニューを閉じたらスタッフの人は来てくれるんですよね。はい、閉じました」

すぐにスタッフが来て、「何かお持ちしましょうか?」と聞いた。

「はい、僕はこの南仏のクレマンをください。二人はいかがですか?」

「高志さん、すごく良いですね。誰かのグラスが空になっていたら、『何かお代わりはいかがですか?』って聞くのも世界標準ルールです。昔は新入社員の頃に必ず上司から教えられていたのですが、最近はそういう機会が少なくなりました。グラスが空いているのに遠慮して注文できない女性に対して、男性が『何かお代わりいかがですか?』って聞かないシーンをよく見かけます。同席している人のグラスが空いたら『いかがですか?』と聞くのは基本ですね」

「じゃあ私はブルーチーズが残っているので、それに合わせて甘口ワインを何かくださ い」と絵里子さん。

「でしたら、ピノ・デ・シャラントはいかがでしょうか。コニャックのブランデーに、コニャックのブドウのジュースを足したものでブルーチーズによく合うと思います」とスタッフが言った。

「じゃあそれをお願いします」

「じゃあ私はこのエポワスのチーズに合わせて『マール・ド・ブルゴーニュ』をお願いします」

「かしこまりました」

「なんだなんだ。絵里子もマスターもチーズに飲み物を合わせているんですね」

「本当に合うものは美味しいですからね。高志さん、こういう注文は臨機応変でいいんです。必ず何かに合わせなきゃいけないって思うのも変だし、美味しそうだと合わせるのももちろん良いと思います」

それぞれの前にまた新しいグラスとワインが並んだ。私たちは乾杯しチーズを食べてワインを飲み干すと、お会計をすませて外に出た。

高志さんが「マスター、こんなにすぐにお店を出てもいいんですか？」と聞く。

「はい。バーではすぐに帰るのはすごく喜ばれます。逆に長居は嫌がられます。何度も言いますが、長居したくなったらちゃんと注文してください」

バーにもいろいろなタイプがある

「それでは次はオーセンティックバーに行きましょう。ちょっと歩きますよ」

「はい。こういう風に夜道をみんなで歩きながら次のバーに向かうのって楽しいですね」

絵里子さんが嬉しそうに言った。

「バーホッピング、楽しいですよね。さてバーにもいろいろあるのですが、『うちのバーはこういう風に利用して欲しい』というのがバーによってそれぞれ違います。例えば最近はミュージックバーと呼ばれているのですが、アナログレコードをかけるバーがありますよね。静かにグラスを傾けながらジャズを聞いて欲しいという店もあれば、昔のロックがかかっていてみんなでカウンターでワイワイ話しながら飲んで欲しいという店もあります。そういうのは場の空気を読んで欲しいです。ここはデートで使うと良いバーだなとか、ここは友人たちと朝まで語るバーだなとか、自分で感じ取ってください」

「わかりました。まず周りを見てどんなタイプのお店かを見ればいいですよね」と高志さん。

「今だと検索すればある程度どういうバーかわかりますしね」と絵里子さん。

「はい。次は、初めて行くバーで、その店のバーテンダーと話すきっかけについてお話しします。私が一番助かるのは、『インスタで誰かがアップしているのを見て良さそうなので来ました』とか、『ウイスキーが好きでいろいろ見ていたらこのバーが見つかったので来てみました』とか、いろいろ情報を教えていただけることです。このお客さまは音楽を楽しみたいんだなとか、このお客さまは彼女とデートで使いたいんだな、あまり話しかけない方が良いなとか、バーテンダー側がわかると接客もすごくスムーズにできるんです」

「なるほど」と二人がうなずいた。

「今私たちが向かっているオーセンティックバーが日本人が一番想像するところのいわゆるバーだと思うのですが、一生で一回もバーに行かない人って日本にたくさんいるんですね。例えば、フレンチレストランは誰かの結婚式で行く可能性がありますが、バーは特殊なきっかけがないと一生行かないままってことは珍しくありません。でも、バーって映画やドラマによく出てくるので、『ああいう場所だ』っていうのはみんな知っています。でも行ったことがなかったり、めったに行かなかったりという特殊な飲食店なんです。私はそんなバーを普通に使えるようにこういう本を書いています。よくバーテンダーの服装でそのバーがなんとなくわかると言われます。私はいつも白いシャツを着てネクタイをしめてベストを着ていますが、それが一般的なバーテンダーの格好です。それがネクタイがなかったり、襟のないシャツだったりすると少しカジュアルなバーになっていきます。一方で、蝶ネクタイだったり白いジャケットだったりするとそこは格式の高いバーです。そういうバーは音楽がかかっていません。チャージも2000円とか3000円とかします。さあ着きました。入りましょう」

メニューを置いていないバーに入ったら

店に入ると長いカウンターに12の席があり、3人のバーテンダーがいた。私は早速こう告げた。

「すいません。彼らにバーの楽しみ方を教えていて、1杯ずつ飲んですぐに帰ります。3人大丈夫ですか?」

「いらっしゃいませ。それではこちらにどうぞ」

手前の3席をすすめられて私たちは横並びに座った。

「本当はこういうカウンターだけのバーでは3人横並びではダメな場合もあります。どうしても会話がうるさくなるからです。そのあたりはバーを選ぶ前に確かめておくのもいいと思います」

私たちが席に座ると、おしぼりが出された。目の前のバーテンダーがこう聞いた。

「お通しは、フルーツかスイーツをお選びいただけます。フルーツは今日は桃です。スイーツは自家製のガトーショコラです。どちらがよろしいですか？」

「じゃあ私はガトーショコラをください」と絵里子さん。

「僕は桃をお願いします」と高志さん。

「じゃあ私も桃をお願いします」

「かしこまりました。さてお飲み物はどういたしましょうか」

「ええと、メニューをお願いできますか」と高志さんが聞いた。

「申し訳ありません。当店はメニューは置いていなくて、どういったものが飲みたいのか仰っていただければ」

「高志さん、こういう格式の高いバーだと、メニューを置いていないところはよくあります。こういうバーのバーテンダーはお客さまといろんな会話をして、飲み物を決めたいと考えています。例えば、棚にあるボトルを指さして、『あれは何ですか？』って質問するという方法も良いと思います。想像してみてください。このバーの棚にあるありとあらゆる酒は、世界のいろんな国でいろんな方式で造られて、それをこういったボトルに詰めて、その会社が、こういう風に売ろうと会議で決めて、ラベルを決めて、それをボトルに貼って出荷しているわけです。どの酒も、その酒を造った会社の人たちの思いが込められているというわけです。でしたらメニューなんか見ないで、面白そうなボトルとラベルがあったら、『あのボトルは何ですか？』と質問するのもひとつの手です」

「なるほど。それは良いことを聞きました。じゃあ早速。すいません。あの何か果物が入っているボトル、あれは何ですか？」

高志さんが棚にあるボトルを指さして言った。

「これはカルヴァドスです。フランスで造られているリンゴのブランデーです。これ、どうやってこのボトルの中にリンゴを入れるかわかりますか？　実はま

だリンゴの実が小さいときに、ボトルの中に枝ごと入れて、それを育てて、大きくなったら枝を切り取って、ボトルの中にごろんとリンゴを落としているのです」

「えええ！　面白いですね。じゃあそれをください」

「飲み方はどうしましょうか。そのままストレートでよろしいですか？」

「カクテルにするのはもったいないんですか？」

「飲み方はお好みで構わないと思います。カクテルでしたら、ジャック・ローズはいかがでしょうか？　カルヴァドスをベースに、ライムジュースとグレナデンシロップをシェイクしたカクテルです」

「じゃあそれをお願いします」

「私は何か果物を使ったカクテルをお願いできますか？」と絵里子さん。

「それではオレンジを使いましょうか。アルコールは強い方ですか？」とバーテンダー。

「そんなには強くないです。あとビール1杯くらいなら飲めるっていう状態です」

「絵里子さん、すごく良い答え方だと思います。こういうカクテルを得意としているバーは、バーテンダーがアルコール度数を調節できるんですね。例えば、『お酒、全然強くなくて。いつもビールをグラス半分くらいしか飲めないんです。でも今日はカクテルを3杯飲んでみようと思っているので、そのくらいの自分でもちょうどいいカクテルを3杯作ってもらえますか？』と注文すると、バーテンダー側は3杯のカクテルを合わせると、ちょうどグラスにビール半分くらいのアルコール量になるように、調節してカクテルを作ってくれます。今から出てくるカクテルも、バーテンダー側はビール1杯くらいの度数のカクテルを出してくれるはずです」

「それではオレンジ・ブロッサムはいかがでしょうか。ジンとオレンジジュースのカクテルなのですが、シンプルでジンとオレンジを素直に楽しめるショートカクテルです」とバーテンダー。

「じゃあそれでお願いします」

「ジンは何か指定はありますか？」

「いえ。お任せします」

「かしこまりました」

「はい。ここでカクテルの酒の指定の話をします。例えば、ハイボールとかジントニックといったスタンダードなカクテルを注文した場合、ベースのウイスキーやジンの指定があるかどうか聞かれることがあります。このときに、『バーボンで何かお願いできますか』とか『面白いクラフトジンが何かあればいくつか紹介してもらえますか？』という風に楽しむこともできますし、全部バーテンダーに任せてしまうという方法もあります。バーテンダーによって、ジントニックはこのジンが美味しいと思っている好みもありますので、それを楽しむのも良いですし、知らないウイスキーやジンを紹介してもらうのも面白いです」

「なるほど」と絵里子さん。

最後に私が注文をした。

「それでは私は何かヴィンテージの古いアルマニャックをいただけますか？」

「こちらはいかがでしょうか。1969年のアルマニャックです」

バーテンダーがボトルを見せてくれた。

「すいません。こちらはショットでいくらですか？」

「7000円です」

「ありがとうございます。ではそれでお願いします」と私。

「さて、ここで解説します。客側として、『この酒もしかして高いかも』って感じるときってありますよね。そういうときは今のように、値段を聞くのは全然恥ずかしいことではありません。最近では『こちらはショットで7000円ですが』と先に教えてくれるバーもありますが、接待で来ている場合やデートで来ている場合もあるので、バーテンダー側から金額を伝えるのは失礼と考えているバーもあります。そういうバーでは金額は先に教えてくれないですので、もし心配なら、『これはいくらですか？』と聞くのは全然構いません」

「そうかあ。聞いてもいいんですね」と絵里子さん。

「ちなみに私は1969年生まれなので、これはすごく良い機会ですね。自分で1969年のアルマニャックを探して買うとなると見つけられないし高いですが、バーだとこんな風に1杯だけって注文ができます。これもバーの楽しさです」

するとバーテンダー3人それぞれが飲み物を同時に作り、私たちそれぞれの前にいっせいに置いた。

高志さんの前に立ったバーテンダーが、「ジャック・ローズです。当店ではグレナデンシロップは生のザクロから自家製で作っています」と告げた。

絵里子さんの前にグラスを置いたバーテンダーは、「ジンは『タンカレー』とノンアルコールのジン、『ネマ』を使いました」と告げた。

私の前にも「同い年のアルマニャックです」とグラスが置かれた。

「いただきます」と言って3人でグラスを傾けた。

一目置かれる大人のふるまい

「バーテンダーのみなさんに1杯ずつご馳走しても大丈夫ですか？」

私が聞くと、「ありがとうございます。いただきます」と3人が答える。

「それぞれ。ずっと気になっていたんです。よく『マスターも1杯いかがですか？』っていうの見かけるじゃないですか。あれは何なんですか？」

高志さんが質問をした。

「まず、日本人はアルコールに強くない人が多いですから、そんなに多くの量は飲めません。でも、店の中の人に『どうぞ何か1杯』とおごることで、店の売り上げが上がって、上客になれます。当然ですが、お金を使えば使うほど、店の中の人に好かれます。ある知っているバーで、開店直後の暇なときに近所の初老のお金持ちの男性が来店して、その人は酒を飲めないからノンアルコールを2、3杯飲んで帰るのですが、その間、スタッフ全員に『好きなだけ飲んでください』と言うそうで、その初老の男性が来店するのがとても楽しみだと聞きました。そしてもうひとつ、『1杯いかがですか』と、カウンターの中の人にご馳走すると、中の人が自分の目の前に来て、乾杯してくれたり、少しお話ができたりします。居酒屋で料理を作っている大将なんかにも、1杯ご馳走すると、『ありがとうございます』って、目の前に来てくれて、いろいろ会話が楽しめます。でも、もちろん店によっては『お酒はいただいていないんです』というところもあります。最初に聞いてみてください」

「なるほど、そういうことだったんですね。あの、もうひとつ気になっていたことがあるのですが、隣の人にお酒をおごってもいいんですか？」

「それも店によります。例えばこういう格式の高いバーでは、バーテンダーさんの紹介なしで、隣の人に話しかけてはいけないことになっています。でも、バーテンダーがカジュアルなジーンズとTシャツのようなバーだと隣の人に話しかけても大丈夫なように、仲良くなったらおごっても大丈夫です。でも、『あちらの女性に何か1杯』というのは絶対になしです。困ります。あと、すごくカッコいいのは、隣に座った若い人や女性と会話した場合、彼らがトイレに立っている間に彼らの分も全部支払ってしまって帰るというのもあります。大人ならではです」

「そうかあ。僕ももっとお金持ちになってそういうことをしてみたいです」

「そういう動機っていいね」と絵里子さん。

しばらくして3人が飲み終ると、私たちはお会計をすませ、外に出た。

「いかがでしたか。バーホッピングは」

「少しずついろんなお店を体験できるから楽しいですね。これが食事をするお店だと何軒も移動できないし、ちょっと難しいけど、バーならできるんですね」と絵里子さん。

「こうやっていくつか自分のお気に入りのバーを見つければいいんですよね」と高志さん。

「はい。こうすれば、店の雰囲気もわかるし、値段もわかります。それで今度はまた誰かとゆっくり利用すればいいんです。バーって楽しいですよね。もっと楽しみましょう」

「はい」と二人は元気に声をそろえた。


相変わらず渋谷の夜は若者や外国人でごったがえしていた。私の隣で絵里子さんがこう言った。

「突然現実に引き戻された感じですね。さっきまでいたバーとここが同じ街だなんて信じられないです」

「そうですよね。良いバーって、扉を開けたらそこからは違う世界のような感覚があるんです。そこに入ればその世界を取り仕切るバーテンダーという人間がいて、私たちはそのバーの舞台で演じる登場人物になれます」

「そうかあ。思い切ってあの扉を開けると、私たちはそのバーの舞台の登場人物になれるんですね」

絵里子さんが何かを想像するように少し空を見上げた。

「そうですね」

「マスター、僕たちもこの本の登場人物を終わるときがやってきましたが」

「あれ？　これが本って知っていたんですね」

「もちろん。僕が良い登場人物で、この本を読んでくれてた人たちが、ちょっとでもお酒を好きになったり、バーに興味を持ってくれたりしたら嬉しい限りです」

「私の〆の言葉、持っていっちゃいましたね」

二人が渋谷の路上で大きく笑った。

あとがき

僕、渋谷でバーを開店して27年になるのですが、本当に若い人がお酒を飲まなくなりました。それでも若い人でたまにワインに詳しいお客さまもいまして、その人たちの多くがなんらかの形で欧米を経験しているんです。

この本の中にも書いたのですが、欧米でワインが教養である理由は、キリスト教が儀式に採用したのと、フランスが自国のワインをブランド化するのが上手かったのと、イギリスではワインが造れなかったということが大きいんです。

僕、カウンターで、「簡単に言うと、日本酒を鍋にいれて、ぐつぐつ煮込んで、空気中に浮かんだアルコールを集めたのが焼酎です。そういう焼酎みたいなものって世界中にたくさんあって、ウオッカとかラムとかウイスキーとかなんです。その焼酎みたいなものに、砂糖とコーヒー豆を漬け込んだのがカルーアで、それに牛乳を入れたのがカルーアミルクです」って説明すると、「そういうことなんですね」ってお客さまが納得してくれるんです。

本当はワインってヨーロッパの南の方の地酒だったのになんか難しいイメージになってしまったし、カクテルもバーテンダーだけが作れる特殊な飲み物だと思ってしまいますよね。

実はそんなに難しいものじゃないんです。お酒って専門用語がいっぱいあって、そういうのって間違えると恥ずかしいからついつい避けてしまって、遠いものになってしまうんです。

こういうお酒についてのいろいろをバーテンダーの僕が教える本を書いてみました。

あるいは、バーの楽しさもみんなに知って欲しいんです。

今、世の中からなくなる職業みたいなことがよく話題になりますよね。それでもバーテンダーという職業はずっと残る気がしています。だって、すごく好きな女性とデートでバーに行ったとき、ロボットがカクテルを作るよりも、本物の人間がカクテルを作ってくれる方が良いですよね。バーテンダーさんのつまらない冗談も、後になったら良い思い出になります。

この本を読んだら、できればあなたの家の近くの、あの気になっていたバーに行ってみてください。扉は重そうですよね。でも一度あの扉を開けると、あなたが知らなかった大人の世界に入れます。たぶんたくさんの出会いが待っていると思います。

最後に、編集者の前田康匡さん、イラストのこにたんさん、デザイナーの小口翔平さん、畑中茜さん、素敵な本を一緒に作ってくれてありがとうございました。たくさんの人たちにこの本が読まれると良いですね。

それでは世界中のバーに乾杯!

林 伸次

参考文献

『ビールの教科書』青井博幸
（講談社学術文庫）講談社

『クラフトビール超入門＋日本と世界の美味しい
ビール図鑑110』主婦の友社編
主婦の友社

『エンジョイ！クラフトビール人生最高の一杯を求めて』
スコット・マーフィー、岩田リョウコ
KADOKAWA

『世界のビジネスエリートが身につける
教養としてのワイン』渡辺順子
ダイヤモンド社

『教養としてのワインの世界史』山下範久
（ちくま文庫）筑摩書房

『ゼロから始める焼酎入門』鮫島吉廣監修
KADOKAWA

『ゼロから始める日本酒入門』野崎洋光監修、君嶋哲至著
KADOKAWA

『ウイスキー ちょっといい話
“通”に捧げる100のトリビア』土屋 守
（ソニー・マガジンズ新書）ソニー・マガジンズ

『大人が愉しむウイスキー入門』輿水精一
（ちくま新書）筑摩書房

『All about Gin ジンのすべて』きたおかろっき
旭屋出版

『ウオッカの歴史』パトリシア・ハーリヒー著、大山 晶訳
（「食」の図書館）原書房

『ラム酒は楽しい！』ミカエル・ギド著、河 清美訳
パイ インターナショナル

『リキュールの世界』福西英三
河出書房新社

『あなたを変える脳内薬品』渡辺 登
世界書院

『カクテル ホントのうんちく話』石垣憲一
柴田書店

林 伸次 Shinji Hayashi

1969年生まれ。徳島県出身。渋谷のワインバー「bar bossa（バールボッサ）」店主。レコファン（中古レコード店）で2年、バッカーナ&サバス東京（ブラジリアン・レストラン）で2年、フェアグランド（ショット・バー）で2年勤務を経た後、1997年渋谷に「bar bossa」をオープンする。2001年ネット上でBOSSA RECORDSをオープン。選曲CD、CDライナー執筆多数。著書に『世界はひとりの、一度きりの人生の集まりにすぎない。』（幻冬舎）、『結局、人の悩みは人間関係』『大人の条件　さまよえるオトナたちへ』（ともに産業編集センター）、『バーのマスターはなぜネクタイをしているのか?』（DU BOOKS）等がある。

マスター、お酒の飲み方教えてください

2024年12月13日　第1刷発行

著者	林 伸次
ブックデザイン	小口翔平＋畑中茜（tobufune）
カバー・本文イラスト	こにたん
DTP	トラストビジネス株式会社
協力	橋野元樹、柳内雪那、山田英博、山田千恵、星井涉
編集	前田康匡（産業編集センター）
発行	株式会社産業編集センター 〒112-0011 東京都文京区千石4丁目39番17号 TEL 03-5395-6133 FAX 03-5395-5320
印刷・製本	萩原印刷株式会社

ISBN 978-4-86311-427-2　C0077